工程材料分析与热处理技术研究

张 倩 胡双锋 著

東北林業大學出版社
Northeast Forestry University Press
·哈尔滨·

图书在版编目（CIP）数据

工程材料分析与热处理技术研究 / 张倩，胡双锋著. —哈尔滨：东北林业大学出版社，2023.5

ISBN 978-7-5674-3151-5

Ⅰ. ①工…　Ⅱ. ①张… ②胡…　Ⅲ. ①建筑工程－分析方法 ②热处理　Ⅳ. ①TB3②TG15

中国国家版本馆CIP数据核字（2023）第084423号

责任编辑：马会杰
封面设计：鲁　伟
出版发行：东北林业大学出版社
（哈尔滨市香坊区哈平六道街 6 号　邮编：150040）
印　　装：廊坊市广阳区九洲印刷厂
开　　本：787 mm × 1 092 mm　1/16
印　　张：15.5
字　　数：208千字
版　　次：2023年 5 月第 1 版
印　　次：2023年 5 月第 1 次印刷
书　　号：ISBN 978-7-5674-3151-5
定　　价：54.00元

如发现印装质量问题，请与出版社联系调换。（电话：0451-82113296　82191620）

前　言

工程材料就是用于工程中的所有材料的统称，包括道路、桥梁、排水、给水、电力、供热、环卫设施等工程所用到的各种材料。工程材料种类繁多，性能差别很大，使用量也很大。正确选择和使用工程材料，不仅与工程的坚固、耐久和适用性有密切关系，而且直接影响工程造价。因此，在选材时应充分考虑材料的技术性能和经济性，在使用中加强对材料的科学管理，无疑会对提高工程质量和降低工程造价起到重要作用。

本书从工程材料入手，首先介绍了工程材料的基本性质，然后分别对土的工程性质、新型建筑工程材料、工程水泥材料和木材、工程沥青材料及工程钢材进行深入分析，最后重点探讨了钢材的热处理技术，并对非合金钢（碳钢）、铸铁等进行详细的分析。

在本书的撰写过程中，作者参考了有关教材和相关文献，引用了一些单位及作者的资料和图片，谨致衷心的谢意。由于作者水平有限，本书的不足之处在所难免，恳请读者批评和指正。

作　者

2023 年 5 月

目　　录

第一章　工程材料的基本性质

工程材料品种繁多，不同的材料具有不同的性能，即使是同样的材料，具体的加工工艺不同也会呈现出不同的性能，因此，工程材料的分类方法很多。

第一节　工程材料基本概述

一、材料的重要性

材料是指具有特定性质，能用于制造各种有用器件的物质，是人类生存和发展所必需的物质基础。历史学家根据人类所使用的材料来划分时代，如旧石器时代、新石器时代、青铜器时代、铁器时代等，可见材料的重要性。材料的发展水平和利用程度已成为人类文明进步的标志。

20 世纪 70 年代，人们把材料、信息和能源誉为当代文明的三大支柱，而信息、能源的发展又依赖于材料的发展。材料研究的突破往往带动许多科学技术的快速发展。例如，有了低成本钢铁及相关材料，汽车工业就得到了迅猛发展；有了由半导体等材料制成的各类电子元器件，各类电子电器消费品才会不断出新；有了低消耗的光导纤维，才发展起来现代的光纤通信；各种高强度和超高强度材料的发展，才使发展大型结构件、提高零部件强度级别、减轻设备自重成为可能；各种新材料、新工艺的研发对国防工业、航空航天与武器装备等方面的发展更是起着决定性的作用。材料科学在社会上占有举足轻重的地位，材料的品种、数量和质量是衡量一个国家科学技术和国民经济水平及国防实力的重要标志之一。

以航空发动机叶片产品为例，涡轮叶片由于处于温度高、应力复杂、环境恶劣的部位而被列为第一关键件，并被誉为“王冠上的明珠”。涡轮叶片的性能水平，特别是承温能力，成为一种型号发动机先进程度的重要标志，在一定意义上，也是一个国家航空工业水平的显著标志。涡轮进口温度每提高100 ℃，航空发动机的推重比能够提高10%左右。据估算，燃气涡轮发动机效率与性能的提高，约50%归功于材料的改进。

20世纪50年代研制成功的高温合金使第一代航空喷气式涡轮发动机的涡轮叶片的使用温度达到了800 ℃水平，掀起了涡轮叶片用材料的第一次革命。20世纪60年代以来，由于真空冶炼水平的提高和加工工艺的发展，铸造高温合金逐渐成为涡轮叶片的主选材料。定向凝固高温合金通过控制结晶生长速度，使晶粒按主承力方向择优生长，改善了合金的强度和塑性，提高了合金的热疲劳性能，并且基本消除了垂直于主应力轴的横向晶界，进一步减少了铸造疏松、合金偏析和晶界碳化物等缺陷，从而使使用温度达到了1 000 ℃。单晶合金涡轮叶片定向凝固技术的进一步发展，使单晶合金的耐温能力、蠕变强度、热疲劳强度、抗氧化性能和抗腐蚀特性较定向凝固柱晶合金有了显著提高，很快得到了航空燃气涡轮发动机界的普遍认可，几乎所有先进航空发动机都采用了单晶合金作为涡轮叶片。单晶合金涡轮叶片成为20世纪80年代以来航空发动机的重大技术之一，掀起了涡轮叶片用材料的第二次革命。

涡轮叶片用材料的第三次革命还需等待，在未来的一段时间内，先进单晶合金仍然是高性能航空燃气涡轮发动机涡轮叶片的主导材料。国外现役最先进的第四代推重比为10的一级发动机的涡轮进口平均温度已经达到了1 600 ℃，预计未来新一代战斗机发动机的涡轮进口温度有望达到1 800 ℃。

二、工程材料的分类

工程材料主要是指用于机械、车辆、船舶、建筑、化工、能源、仪器仪表、航空航天等工程领域中的材料，用来制造工程构件和机械零件；也包括一些用于制造工具的材料和具有特殊性能（如耐蚀、耐高温等）的材料。工程材料的分类方法很多，下面介绍几种常见的分类方法。

1. 按结合键的性质分类

工程材料可分为金属材料、高分子材料、陶瓷材料、复合材料。

（1）金属材料包括钢铁材料和非铁金属材料，具有良好的导电性、导热性、高强度、高塑性和金属光泽等金属特性，还具有比高分子材料高得多的强度和刚度，比陶瓷材料高得多的塑韧度。因具有其他种类材料不可替代的独特性质和使用性能，以及成熟的加工工艺，金属材料仍然是目前应用最广泛的工程材料。金属材料的研究一方面采用新技术和新工艺开发具有高性能的新金属材料，如非晶态金属、纳米金属、智能金属和储氢合金等；另一方面则不断开发金属与非金属相互渗透的新型复合材料。金属材料虽然走过了最辉煌的时代，但其发展始终未停止。

（2）高分子材料是以高分子化合物为主要成分的材料。按材料来源，高分子材料可分为天然高分子材料和人工合成高分子材料两大类；按特性和用途可分为塑料、合成橡胶、合成纤维、黏结剂和涂料等几类。被称为现代高分子三大合成材料的塑料、合成橡胶和合成纤维已成为工程建设和人们日常生活中必不可少的重要材料。塑料、合成橡胶和合成纤维具有相对密度小、可加工性好、耐蚀性强、自润滑性好、绝缘和减振性好，以及成本低等优点，在机械、车辆、电气、化工、交通运输等工程领域中得到广泛应用；其缺点是耐热性差，易软化和老化，强度低，尺寸稳定性差等。高分子材料的发展主要集中在通过聚合物的改性提高其使用性能，开发环境友好型材料及废弃物的高效利用等方面。

（3）陶瓷材料是指硅酸盐、金属与非金属的化合物，因其不具备金属的性质，又称为无机非金属材料。陶瓷材料的主要结合键是离子键，同时还存在一定数量的共价键。陶瓷材料可分为三大类：一是普通陶瓷，主要原料是硅酸盐矿物，常用于日用瓷器和建筑材料；二是特种陶瓷，主要成分是人工合成化合物，如碳化物、氮化物和氧化物等，用于工程领域耐高温、耐腐蚀、耐磨损的零件；三是金属陶瓷，即金属粉末和特种陶瓷粉末的烧结材料，主要用于切削刀具、模具和耐热零件等。陶瓷材料因具有高熔点、高硬度、耐磨、耐腐蚀、质量轻、弹性模量大等一系列优良特性，得到越来越广泛的应用，特别在耐磨材料、高温结构材料、磁性材料、介电材料、半导体材料和光学材料等方面占据了重要地位。陶瓷的发展主要围绕解决其易发生脆性破坏、塑性变形能力差、粉体制备和陶瓷加工工艺复杂、成本高等问题展开，还包括在新型结构陶瓷、生物陶瓷和其他功能陶瓷材料方面的开发研究。

（4）复合材料是指由两种或两种以上不同成分、不同性质的材料组合而成的材料。复合材料的性能通常兼有组成材料的各项优点，还可以产生原来单一材料本身所不具备的优良性能，是一类特殊的工程材料，具有广阔的发展前景。复合材料的组成物可分为基体材料和增强材料两类。基体材料有金属、塑料、橡胶和陶瓷等，增强材料有各种纤维和无机化合物颗粒等。复合材料已经应用到航空航天、武器装备、机械工程、能源工程、海洋工程，乃至民用建筑、交通运输、文体和日常用品等领域。在现代工业中，树脂基复合材料的应用已相对成熟，金属基和陶瓷基复合材料仍处于发展阶段。现代复合材料的新发展主要集中在复合增强理论的研究、复合材料制造工艺的发展及高性能、低成本的复合材料研究开发等方面。

2. 按材料的功能和用途分类

工程材料可分为结构材料和功能材料。

结构材料是以其力学性能为基础，制造受力构件所用的一类材料。功能材料则主要是利用物质独特的物理、化学性质或生物功能等而形成的一类材料。一种材料往往既是结构材料又是功能材料，如铁、铜、铝等。本书主要介绍工程结构材料。

结构材料是指以力学性能为主要性能指标的工程材料的统称。结构材料主要用于制造工程构件和机械装备中的支撑件、连接件、传动件、紧固件、弹性件以及工具、模具等。这些结构零构件都在受力状态下服役，因此力学性能（强度、硬度、塑性、韧性等）是其主要性能指标，在许多使用条件下还需要考虑特殊的环境条件，如高温环境、低温环境、腐蚀介质环境、放射性辐射环境等。结构件均有一定的形状配合精度要求，因此结构材料还需有优良的可加工性能，如铸造性、冷热成形性、可焊性、切削加工性等。不同的使用条件要求材料具有不同的性能，如桥梁构件除具有一定的强度和韧性外，还需耐大气腐蚀和具有良好的焊接性；传动轴需要有良好的耐疲劳性能；飞机构件要求有高的比强度、比刚度；发动机叶片需要有良好的高温强度和抗蠕变特性；切削刀具需有良好的红硬性；化工反应釜需能抵抗化学介质的强烈腐蚀等。

3. 按材料的发展程度分类

工程材料可分为传统材料和新型材料。

传统材料是指那些已经发展成熟且在工业中已批量生产并大量应用的材料，如钢铁、塑料等。这类材料由于用量大、产值高、涉及面广，又是很多支柱产业的基础，所以又称为基础材料。新型材料（先进材料）是指那些具有优异性能和应用前景，且正在发展中的一类材料。新型材料与传统材料之间并没有明显的界限。传统材料通过采用新技术，提高性能，增加附加值可以成为新型材料；新型材料发展成熟且在工业中批量生产并大量应用之后也就成了传统材料。传统材料是发展新型材料和高技术的基础，而新型材料又往往能推动传统材料的进一步发展。

此外，若从化学角度分类，工程材料可分为无机材料和有机材料；若按结晶状态进行分类，工程材料可分为单晶体、多晶体、非晶体、准晶体和液晶等；若从应用角度出发，工程材料可分为结构材料、电子材料、航空航天材料、汽车材料、建筑材料、能源材料、信息材料等。

第二节　工程材料的物理性质

建筑材料的性质有基本性质和特殊性质两大部分。材料的基本性质是指建筑工程中通常必须考虑的最基本的、共有的性质；材料的特殊性质则是指材料本身不同于其他材料的性质，是材料具体使用特点的体现。

一、材料的体积组成

大多数建筑材料的内部都含有孔隙，孔隙的多少和孔隙的特征对材料的性能均产生影响，掌握含孔材料的体积组成是正确理解和掌握材料物理性质的起点。孔隙特征指孔尺寸大小、孔与外界是否连通两个内容。与外界相连通的孔隙叫作开口孔，与外界不连通的孔隙叫作闭口孔。

二、材料的密度、表观密度和堆积密度

（1）密度。密度是多孔固体材料在绝对密实状态下单位体积的质量，用下式计算：

$$\rho=m/V$$

式中：ρ——材料的密度，g/cm^3 或 kg/m^3；

m——材料的质量（干燥至恒重），g 或 kg；

V——材料的绝对密实体积，cm^3 或 m^3。

密度的单位在 SI 制中为 kg/m^3，我国建设工程中一般用 g/cm^3，偶尔用 kg/L，忽略不写时，省略的单位为 g/cm^3，如水的密度为 1 g/cm^3。

多孔材料的密度测定，关键是测出绝对密实体积。在常用的建筑材料中，除钢、玻璃、沥青等可近似认为不含孔隙外，绝大多数材料含有孔隙。测定含孔材料绝对密实体积的简单方法是将该材料磨成细粉，干燥后用排液法测得的粉末体积即为绝对密实体积。由于磨得越细，内部孔隙消除得越完全，测得的体积也就越精确，因此，一般要求细粉的粒径至少小于 0.2 mm。

对于砂石,因其孔隙率很小,$V \approx V_0$,常不经磨细,直接用排液法测定其密度。对于本身不绝对密实，而用排液法测得的密度叫作视密度或视比重，用下式表示：

$$\rho' = m / V'$$

式中：ρ'——视密度，g/cm^3；

m——材料的绝对干燥质量，g；

V'——用排液法求得的材料体积，cm^3。

（2）表观密度。材料在自然状态下单位体积的质量,称为材料的表观密度。其计算式如下：

$$\rho_0 = m / V_0$$

式中：ρ_0——表观密度，kg/m^3；

m——材料的质量，kg；

V_0——材料表观体积（自然状态下的体积），m^3。

测定材料在自然状态下体积的方法较简单，若材料外形规则，可直接度量外形尺寸，按几何公式计算；若外形不规则，可用排液法测得，为了防止液体由孔隙渗入材料内部而影响测定值，应在材料表面涂蜡。对于砂石，由于孔隙率很小，常把视密度叫作表观密度，如果要测定砂石真正意义上的表观密度，应蜡封开口孔后用排液法测定。

当材料含水时，重量增大，体积也会发生变化，所以测定表观密度时须同时测定其含水率，注明含水状态。材料的含水状态有风干（气干）、烘干、饱和面干预湿润四种。一般为气干状态，烘干状态下的表观密度叫作干表观密度。

（3）堆积密度。散粒材料在堆积状态下单位堆积体积的质量，称为材料的堆积密度。其计算式如下：

$$\rho_0'=m / V_0'$$

式中：ρ_0'——堆积密度，kg/m³；

m——材料的质量，kg；

V_0'——材料的堆积体积，m³。

堆积体积是包括材料颗粒间隙在内的体积，混凝土用的碎石、卵石及砂等松散颗粒状材料的堆积密度用既定容积的容器（容量筒）测定。

材料的堆积密度定义中亦未注明材料的含水状态。根据散粒材料的堆积状态，堆积体积分为自然堆积体积和紧密堆积体积（人工捣实后）。由紧密堆积测得的堆积密度称为紧密堆积密度。

第三节　工程材料与水有关的性质

一、亲水性与憎水性

材料在空气中与水接触时，根据其表面能否被润湿，可分为亲水性材料与憎水性材料两类。亲水性与憎水性是由于材料、水、空气三相接触时的表面能不同而产生的。

材料、水和空气三相接触的交点处，沿水表面的切线与水和固体接触面所成的夹角 θ 称为润湿角。当水分子间的内聚力小于材料与水分子间的分子亲和力时，$\theta \leqslant 90°$，这种材料能被水润湿，表现为亲水性。当水分子间的内聚力大于材料与水分子间的分子亲和力时，$90° < \theta < 180°$，这种材料不能被水润湿，表现为憎水性。建筑材料中石料、砖、混凝土、木材等都属于亲水性材料；沥

青、塑料、橡胶和油漆等为憎水性材料，工程上多利用材料的憎水性来制造防水、防潮材料。

二、吸水性

吸水性是材料在水中吸收水分的性质。吸水性的大小可用吸水率表示，吸水率有质量吸水率和体积吸水率之分。

质量吸水率是指材料所吸收水分的质量占材料干燥质量的百分数，可按下式计算：

$$W_{质}=\frac{m_{湿}-m_{干}}{m_{干}}\cdot 100\%$$

式中：$W_{质}$——材料的质量吸水率，%；

$m_{湿}$——材料吸水饱和后的质量，g；

$m_{干}$——材料干燥到恒重时的质量，g。

体积吸水率是指材料体积内被水充实的程度，即材料吸收水分的体积占干燥材料的自然体积的百分数，可按下式计算：

$$W_{体}=\frac{m_{湿}-m_{干}}{V_0}\cdot\frac{1}{\rho_{H_2O}}\cdot 100\%$$

式中：$W_{体}$——材料的体积吸水率，%；

V_0——干燥材料在自然状态下的体积，cm^3。

质量吸水率与体积吸水率存在如下关系：

$$W_{体}=W_{质}\cdot\rho_0$$

式中：ρ_0——干燥表观密度，kg/m^3。

材料的吸水率大小与材料的孔隙率和孔隙特征有关。一般来说，孔隙率越大，吸水率越大。但在材料的孔隙中，不是全部孔隙都能被水充满，因为封闭的孔隙，水分不易渗入；而粗大的孔隙，水分又不易存留，故材料的体积吸水率常小于孔隙率。这类材料常用质量吸水率表示它的吸水性。

对于某些轻质材料，如加气混凝土、软木等，由于具有很多开口而微小的孔隙，所以，它的质量吸水率往往超过100%，即湿质量为干质量的几倍，在这种情况下，最好用体积吸水率表示其吸水性。

三、吸湿性

材料在潮湿的空气中吸收空气中水分的性质称为吸湿性。吸湿性的大小用含水率表示。

材料的含水质量占材料干燥质量的百分数称为材料的含水率。可按下式计算：

$$W_{含}=\frac{m_{含}-m_{干}}{m_{干}}\cdot 100\%$$

式中：$W_{含}$——材料的含水率，%；

$m_{含}$——材料含水时的质量，g。

材料含水率的大小，除与材料本身的成分、组织构造等因素有关外，还与周围环境的温度、湿度有关，气温越低，相对湿度越大，材料的含水率也就越大。

材料随着空气湿度大小的变化，既能在空气中吸收水分，又可向外界扩散水分，最后与空气湿度达到平衡。材料在空气中，水分向外发散的性质称为材料的还水性。木材的吸湿性随着空气湿度变化特别明显。例如，木门窗制作后如长期处于空气湿度小的环境下，为了与周围湿度平衡，木材便向外散发水分，于是门窗因体积收缩而干裂。

四、耐水性

材料长期在饱和水作用下结构不破坏、强度也不显著降低的性质称为耐水性。材料的耐水性用软化系数表示：

$$K_{软} = \frac{f_{饱}}{f_{干}}$$

式中：$K_{软}$——材料的软化系数；

$f_{饱}$——材料在饱和水状态下的抗压强度，MPa；

$f_{干}$——材料在干燥状态下的抗压强度，MPa。

材料的软化系数范围在0~1之间。一般无机非金属材料随着含水率的增加，水分会渗入材料之间的缝隙内，减小微粒之间的结合力，软化材料不耐水成分（如黏土、有机物等）的强度降低。所以，用于严重受水侵蚀或潮湿环境的材料，其软化系数应在0.85~0.90之间，用于受潮较轻的或次要结构物的材料，则不宜小于0.70~0.85。软化系数值越大，耐水性越好，软化系数大于0.85的材料，通常可以认为是耐水的材料。

五、抗冻性

材料在吸水饱和状态下，经多次冻结和融化作用（冻融循环）而结构不破坏，同时也不严重降低强度的性质称为抗冻性。

通常把在−15 ℃的温度（水在微小毛细管中低于−15 ℃才能冻结）冻结后，再在20 ℃的水中融化，这样的一个过程称为一次冻融循环。

当温度下降到负温时，材料内的水分会由表及里地冻结，内部水分不能外溢，水结冰后体积膨胀约9%，产生强大的冻胀压力，使材料内毛细管壁胀裂，造成材料局部破坏，随着温度交替变化，冻结与融化循环反复，冰冻的破坏作用逐渐加剧，最终导致材料破坏。抗冻等级是用标准方法进行冻融循环试验，测得材料强度降低不超过规定值，且无明显损坏和剥落时所能承受的冻融循环次数来确定，常用“F*n*”表示，其中*n*表示材料能承受的最大冻融循环次数，如F100表示材料在一定试验条件下能承受100次冻融循环。

材料的抗冻性与材料的孔隙率、孔隙特征、充水程度和冷冻速度等因素有关。材料的强度越高，其抵抗冰冻破坏的能力也越强，抗冻性越好。材料的孔隙率及孔隙特征对抗冻性影响较大，其影响与抗渗性相似。

六、抗渗性

材料抵抗水、油等液体压力作用渗透的性质称为抗渗性（不透水性）。

材料的抗渗性可用抗渗等级（P）表示。抗渗等级是指在规定试验条件下，压力水不能透过试件厚度在端面上呈现水迹所能承受的最大水压力。

例如，P8 表示混凝土 28 d 龄期的标准试件用标准方法试验，承受 0.8 MPa 水压无渗透现象。

材料的抗渗性与其孔隙多少和孔隙特征关系密切，开口并连通的孔隙是材料渗水的主要渠道。材料越密实、闭口孔越多、孔径越小，水越难渗透；相反，孔隙率越大、孔径越大、开口并连通的孔隙越多的材料，其抗渗性越差。此外，材料的亲水性、裂缝缺陷等也是影响抗渗性的重要因素。工程上常采用降低孔隙率以提高密实度，提高闭口孔隙比例，减少裂缝或进行憎水处理等方法来提高材料的抗渗性。

第四节　工程材料的热工性质

一、导热性

热量由材料的一面传至另一面的性质，称为导热性。导热性是材料的一个非常重要的热物理指标，也是材料传递热量的一种能力。材料导热能力用导热系数 λ 来表示。在物理意义上，导热系数为单位厚度的材料，当两侧温度差为 1 K 时，在单位时间内通过单位面积的热量。导热系数用下式计算：

$$\lambda = \frac{Q \cdot a}{A \cdot Z(t_2 - t_1)}$$

式中：λ——导热系数，W/（m·K）；

Q——传导热量，J；

a——材料厚度，m；

A——传热面积，m^2；

Z——传热时间，s；

t_2-t_1——材料传热时两面的温度差，K。

材料的导热系数与材料内部的孔隙构造密切相关。由于密闭空气的导热系数仅为 0.023 W/（m·K），当材料中含有较多闭口孔隙时，其导热系数较小，材料的隔热绝热性较好；但当材料内部含有较多粗大、连通的孔隙时，空气会产生对流作用，使其传热性大大提高。

由于气候、施工水分和使用的影响，都将导致建筑材料具有一定湿度，而湿度对导热系数有着极其重要的影响。材料受潮后，在材料的孔隙中有水分（包括蒸汽水和液态水），而水的导热系数 [λ=0.58 W/（m·K）] 比静态空气的导热系数 [λ=0.023 W/（m·K）] 大 20 多倍，所以使材料导热系数增大。如果孔隙中的水分冻结成冰，冰的导热系数 [λ=2.33 W/（m·K）] 约是水的 4 倍，材料的导热系数将更大，则材料受潮或受冻将严重影响其保温效果。因此工程中保温材料应特别注意防潮。

二、热容量

材料加热时吸收热量，冷却时放出热量的性质，称为热容量。热容量大小用比热（也称热容量系数）表示。

在物理意义上，比热表示 1 g 材料温度升高 1 K 时所吸收的热量或降低 1 K 时所放出的热量。

材料加热（或冷却）时，吸收（或放出）的热量与质量、温度差成正比，用下式表示：

$$C=\frac{Q}{m\left(t_2-t_1\right)}$$

式中：Q——材料吸收（或放出）的热量，J；

C——比热，J/（g·K）；

m——材料的质量，g；

t_2-t_1——材料受热（或冷却）后的温差，K。

比热是反映材料的吸热和放热能力大小的物理量。不同材料的比热不同，即使是同一种材料，由于所处物态不同，比热也不同。例如，水的比热是 4.186×10^3 J/（kg·K），而结冰后比热则是 2.093×10^3 J/（kg·K）。

材料的比热对保持建筑物内部温度稳定有很大意义。比热大的材料，能在热流变动或采暖设备供热不均匀时，缓和室内的温度变动，屋面材料也宜选用热容量大的材料。

三、耐火性

耐火性指材料在长期高温作用下，保持其结构和工作性能的基本稳定而不损坏的性能，用耐火度表示。工程上用于高温环境的材料和热工设备等都要使用耐火材料。根据材料耐火度的不同，材料可分为三大类。

（1）耐火材料：耐火度不低于 1 580 ℃的材料，如各类耐火砖等。

（2）难熔材料：耐火度为 1 350~1 580 ℃的材料，如难熔黏土砖、耐火混凝土等。

（3）易熔材料：耐火度低于 1 350 ℃的材料，如烧结普通砖、玻璃等。

四、耐燃性

耐燃性指材料能经受火焰和高温的作用而结构不破坏，强度也不显著降低的性能，是影响建筑物防火、结构耐火等级的重要因素。根据耐燃性的不同，材料可分为三大类。

（1）不燃材料是指遇火或高温作用时，不起火、不燃烧、不碳化的材料，如混凝土、天然石材、砖、玻璃和金属等。需要注意的是，玻璃、钢铁和铝等材料,虽不燃烧,但在火烧或高温下会发生较大的变形或熔融,因而是不耐火的。

（2）难燃材料是指遇火或高温作用时，难起火、难燃烧、难碳化，只有在火源持续存在时才能继续燃烧，火源消除即停止燃烧的材料，如沥青混凝土和经防火处理的木材等。

（3）易燃材料是指遇火或高温作用时，容易引燃起火或微燃，火源消除后仍能继续燃烧的材料，如木材、沥青等。用可燃材料制作的构件，一般应经过防燃处理。

五、温度变形

温度变形指材料在温度变化时产生的体积变化，多数材料在温度升高时体积膨胀，温度下降时体积收缩。温度变形在单向尺寸上的变化称为线膨胀或线收缩，一般用线膨胀系数来衡量，线膨胀系数用“a”表示，其计算式如下：

$$a=\frac{\Delta L}{\left(t_2-t_1\right)L}$$

式中：a——材料在常温下的平均线膨胀系数，1/K；

ΔL——材料的线膨胀量或线收缩量，mm；

t_2-t_1——温度差，K；

L——材料原长，mm。

材料的线膨胀系数一般都较小，但由于建筑工程结构的尺寸较大，温度变形引起的结构体积变化仍是关系其安全与稳定的重要因素。工程上常用预留伸缩缝的办法来解决温度变形问题。

第五节　工程材料的力学性质

材料的力学性质是指材料在外力（荷载）作用下抵抗破坏的能力和变形的有关性质。

一、强度、比强度

（一）强度

材料在外力作用下抵抗破坏的能力称为材料的强度，并以单位面积上所能承受的荷载大小来衡量。

材料的强度本质上是材料内部质点间结合力的表现。当材料受外力作用时，其内部便产生应力与之相抗衡，应力随外力的增大而增大。当应力（外力）超过材料内部质点间的结合力所能承受的极限时，便导致内部质点的断裂或错位，使材料破坏。此时的应力为极限应力，通常用来表示材料强度的大小。

根据材料的受力状态，材料的强度可分为抗压强度、抗拉强度、抗弯（折）强度和抗剪强度。

材料的强度与其组成和构造有关。不同种类的材料抵抗外力的能力不同；同类材料当其内部构造不同时，其强度也不同。致密程度越高的材料，强度越高。同类材料抵抗不同外力作用的能力也不相同，尤其是内部构造非均质的材料，其不同外力作用下的强度差别很大。混凝土、砂浆、砖、石材和铸铁等，其抗压强度较高，而抗拉、抗弯（折）强度较低；钢材的抗拉、抗压强度都较高。为了掌握材料性能、便于分类管理、合理选用材料、正确进行设计、控制工程质量，常将材料按其强度的大小划分成不同的等级，称为强度等级，它是衡量材料力学性质的主要技术指标。脆性材料如混凝土、砂浆、砖和石材等，主要用于承受压力，其强度等级用抗压强度来划分；韧性材料如建筑钢材，主要用于承受拉力，其强度等级用抗拉时的屈服强度来划分。

（二）比强度

比强度指单位体积质量材料所具有的强度，即材料的强度与其表观密度的比值，是衡量材料轻质高强特性的技术指标。

建筑工程中结构材料主要用于承受结构荷载。多数传统结构材料的自重都较大，其强度相当一部分要用于抵抗自身和其上部结构材料的自重荷载，而影响了材料承受外荷载的能力，使结构的尺度受到很大的限制。随着高层建筑、大跨度结构的发展，要求材料不仅有较高的强度，而且要尽量减轻其自重，即要求材料具有较高的比强度。轻质高强性能已经成为材料发展的一个重要方向。

二、材料的变形性质

（一）弹性与塑性

1. 弹性与弹性变形

弹性指材料在外力作用下产生变形，外力去除后，能完全恢复原来形状的性质。这种能完全恢复的变形称为弹性变形。弹性变形的大小与所受应力的大小成正比，所受应力与应变的比值称为弹性模量，用“E”表示，是衡量材料抵抗变形能力的指标。在材料的弹性范围内，E 是一个常数，按下式计算：

$$E=\sigma/\varepsilon$$

式中：E——材料的弹性模量，MPa；

σ——材料所受的应力，MPa；

ε——材料在应力 σ 作用下产生的应变，无量纲。

弹性模量越大，材料抵抗变形能力越强，在外力作用下的变形越小。材料的弹性模量是工程结构设计和变形验算的主要依据之一。

2. 塑性与塑性变形

塑性指材料在外力作用下产生变形，外力去除后，仍保持变形后的形状和尺寸的性质。这种不可恢复的变形称为塑性变形。材料的塑性变形是因其内部的剪应力作用，致使部分质点产生相对滑移的结果。

完全的弹性材料或塑性材料是没有的，大多数材料在受力变形时，既有弹性变形，也有塑性变形，只是在不同的受力阶段，变形的主要表现形式不同，当外力去除后，弹性变形部分可以恢复，塑性变形部分不能恢复。有的材料如钢材，在受力不大的情况下，表现为弹性变形，而在受力超过一定限度后，则表现为塑性变形；有的材料如混凝土，受力后弹性变形和塑性变形几乎同时产生。

（二）脆性与韧性

（1）脆性。脆性指材料在外力作用下，无明显塑性变形而发生突然破坏的性质，具有这种性质的材料称为脆性材料，如普通混凝土、砖、陶瓷、玻璃、石材和铸铁等。一般脆性材料的抗压强度比其抗拉、抗弯强度高很多倍，其抵抗冲击和振动的能力较差，不宜用于承受冲击和振动的场合。

（2）韧性。韧性指材料在振动或冲击荷载作用下，能吸收较多的能量，并产生较大的变形而不破坏的性质。具有这种性质的材料称为韧性材料，如低碳钢、低合金钢、铝合金、塑料、橡胶、木材和玻璃钢等。材料的韧性用冲击试验来检验，又称为冲击韧性，用冲击韧性值即材料受冲击破坏时单位断面所吸收的能量来衡量。冲击韧性值用“a_k”表示，其计算式如下：

$$a_k=A_k/A$$

式中：a_k——材料的冲击韧性值，J/mm²；

A_k——材料破坏时所吸收的能量，J；

A——材料受力面积，mm^2。

韧性材料在外力作用下会产生明显的变形，变形随外力的增大而增大，外力所做的功转化为变形能被材料所吸收，以抵抗冲击的影响。材料在破坏前所产生的变形越大，所能承受的应力越大，其所吸收的能量就越多，材料的韧性就越强。道路、桥梁、轨道、吊车梁及其他受振动影响的结构，应选用韧性较好的材料。

（三）硬度与耐磨性

（1）硬度指材料表面抵抗其他硬物压入或刻画的能力。为保持较好的表面使用性质和外观质量，要求材料必须具有足够的硬度。非金属材料的硬度用摩氏硬度表示，用系列标准硬度的矿物块对材料表面进行划擦，根据划痕确定硬度等级。

金属材料的硬度等级常用压入法测定，主要有：布氏硬度（HB）法，是以淬火的钢珠压入材料表面产生的球形凹痕单位面积上所受压力来表示；洛氏硬度（HR）法，是用金刚石圆锥或淬火的钢球制成的压头压入材料表面，以压痕的深度来表示。硬度大的材料其强度也高，工程上常用材料的硬度来推算其强度，如用回弹法测定混凝土强度，即用回弹仪测得混凝土表面硬度，再间接推算出混凝土强度。

（2）耐磨性指材料表面抵抗磨损的能力。耐磨性常以磨损率衡量，以“G”表示，其计算式为

$$G=\frac{m_1-m_2}{A}$$

式中：G——材料的磨耗率，g/cm^2；

m_1——材料磨损前的质量，g；

m_2——材料磨损后的质量，g；

A——材料受磨面积，cm^2。

材料的耐磨性与其组成、结构、构造、强度和硬度等因素有关。材料的硬度越高、越致密，耐磨性越好。如路面、地面等受磨损的部位，要求使用耐磨性好的材料。

第二章　土的工程性质和分析

在工程建设中，土因其对建筑物的作用不同而成为研究对象。如在土层上修建桥梁、房屋、道路、堤坝时，土用来支承建筑物传来的荷载，此时土作为地基；用土修筑路堤、土坝等土工建筑物时，土被当作建筑材料；在隧道、涵洞及地下建筑物工程中的土被当作建筑物周围的介质。本章主要对土的三相组成与粒度成分、物理性质、力学性质以及工程分类进行详细的讲解。

第一节　土的三相组成与粒度成分

土是地壳表层母岩经过长期强烈风化（物理和化学风化）作用后的产物，是由各种大小不同的土粒按各种比例组成的集合体，土粒之间的孔隙中包含着水和气体，是一种三相体系。

一、土的三相组成

土由固体土粒、液体水和气体三部分组成，通常称为土的三相组成（固相、液相和气相）。

随着环境的变化，土的三相比例也发生相应的变化，三相物质组成的质量和体积的比例不同，土的状态和工程性质也随之不同。

固相 + 气相（液相 =0）为干土时，黏土呈干硬状态；砂石呈松散状态。

固相 + 液相 + 气相为湿土时，黏土多为可塑状态；砂土具有一定的连接性。

固相＋液相（气相=0）为饱和土时，黏土多为流塑状态；砂土仍呈松散状态，但遇强烈地震时可能发生液化，使工程结构物遭到破坏。

1. 土的固体颗粒（土的矿物组成）

土的固相物质包括无机矿物颗粒和有机质，是构成土的骨架最基本的物质。土中的无机矿物成分可以分为原生矿物和次生矿物两大类。

（1）原生矿物。

原生矿物直接由岩石经物理风化而来，其性质未发生改变，如石英、长石、云母等。

这类矿物的化学性质稳定，具有较强的抗水性和抗风化能力，而亲水性弱。它们是在物理风化的机械破坏作用下所形成的土粒，一般较粗大，是砂类土和粗碎屑土（砾石类土）的主要组成矿物。

（2）次生矿物。

次生矿物主要是受化学风化作用而产生的新矿物，如三氧化二铁、三氧化二铝、次生二氧化硅、黏土矿物、碳酸盐等。次生矿物按其与水的作用可分为可溶的或不可溶的。

可溶的按其溶解难易程度又可分为易溶的、中溶的和难溶的。次生矿物的成分和性质均较复杂，对土的工程性质影响也较大。

（3）有机质。

由于动植物有机体的繁殖、死亡和分解，常使土中含有有机质。因分解程度不同，有机质常以腐殖质、泥炭及生物遗骸等状态存在。腐殖质是土壤中常见的有机质，其黏性和亲水性更胜于黏粒。泥炭土疏松多孔，压缩性高，抗剪强度低，生物遗骸的分解程度更差。随着分解度增高，土的工程性质也发生变化。

2. 土中的水

土中的水以不同形式和不同状态存在，其性质也不是单一的。它们对土的工程性质起着不同的作用。土中的水按其工程性质可分为以下几种。

（1）结合水。

当土粒与水相互作用时，土粒会吸附一部分水分子，在土粒表面形成一定厚度的水膜，称为表面结合水。它受土粒表面引力的控制而不服从静力学规律。结合水的密度、黏滞度均比一般正常水高，冰点低于 0 ℃。结合水的这些特性随着水与土粒表面的距离变化而变化，越靠近土粒表面的水分子，受土粒的吸附力越强，与正常水的性质差别越大。因此，按吸附力的强弱，结合水可分为强结合水（也称吸着水）和弱结合水（也称薄膜水）。

（2）自由水。

在结合水膜以外的水，为正常的液态水溶液，它受重力的控制而流动，能传递静水压力，称为自由水。自由水包括毛细水和重力水。

①毛细水位于地下水位以上土粒的细小孔隙中，是介于结合水与重力水之间的过渡型水，毛细水不仅受到重力的作用，还受到表面张力的支配，能沿着土的细小孔隙从潜水面上升到一定的高度。尤其要注意毛细水上升可能引起道路翻浆、盐渍化、冻害等问题，导致路基失稳。

毛细水水分子排列的紧密程度介于结合水和普通液态水之间，其冰点也在普通液态水之下。毛细水还具有极微弱的抗剪强度，在剪应力较小的情况下会立刻发生流动。

②重力水存在于地下水位以下的较粗颗粒的孔隙中，只受重力控制，是水分子不受土粒表面吸引力影响的普通液态水。重力水受重力作用由高处向低处流动，具有浮力的作用。在重力水中能传递静水压力，并具有溶解土中可溶盐的能力。

3. 土中的气体

土中的气体主要是指土孔隙中充填的气体（主要是 CO_2、N_2 和极少量的 O_2），占据着未被水所充满的那部分孔隙，在土孔隙中气体与水占据的体积、比例不同，其土的工程性质也不同。当土中孔隙全部被气体所占满时，此时的土称为干土。

土中的气体可分为与大气连通和不连通两类。与大气连通时的气体在受压力作用时，气体很快从土层孔隙中逸出，对土的工程性质影响不大。但密闭的气体对土的工程性质影响很大，在受到压力作用时，气泡会恢复原状或游离出来，造成土体的高压缩性和低渗透性。

二、土的颗粒特征

土粒的形状是多种多样的，卵石接近于圆形，而碎石多棱角，砂是粒状的，云母颗粒是薄片状的，而黏土颗粒大多是扁平的。土粒形状对土体的密实度及稳定性有显著影响，土粒的形状取决于矿物成分，它反映土的成因条件及地质历史。

在描述土粒形状时，常采用两个指标：浑圆度及球度。

自然界的土，作为组成土体骨架的土粒，大小悬殊，性质各异。工程上常把组成土的各种大小颗粒的相互比例关系，称为土的粒度成分。土的粒度成分如何，对土的一系列工程性质有着决定性的影响，因而它是工程地质研究的主要内容之一。

1. 粒组

土的粒度是指土颗粒的大小，以粒径表示，通常以 mm 为单位。天然土的粒径一般是连续变化的。为便于研究，工程上把大小相近的土粒合并为组，称为粒组。

2. 粒度成分及粒度分析

粒度成分就是干土中各粒组的质量百分率。或者说土是由不同粒组以不同数量配合而成，故又称为“颗粒级配”。例如，经分析，某砂黏土中含黏粒 25%、粉粒 35%、砂粒 40%，这些百分数即为该土中各粒组干重占该土总干重的百分率。粒度成分可用来描述土中各种不同粒径土粒含量的配合情况。

为了准确地测定土的粒度成分所采用的各种手段统称为粒度成分分析或颗粒分析。目前，我国常用的粒度成分分析方法有：对于粗粒土，即粒径大于0.074 mm的土，用筛分法直接测定；对于粒径小于0.074 mm的土，用沉降分析法测定。当土中粗细粒兼有时，可联合使用上述两种方法。

（1）筛分法。将所称取的一定质量风干土样放在筛网孔逐级减小的一套标准筛上摇振，然后分层测定各筛中土粒的质量，即为不同粒径粒组的土质量，并计算出每一粒组质量占土样总质量的百分率，并可计算小于某一筛孔直径土粒的累计质量及累计质量百分率。

（2）沉降分析法。将黏性土样经研磨、浸泡和煮沸，使土粒充分分散，置于水中混合成液，使之沉降，按土粒在液体中沉降速度与粒径大小的关系来进行分析。根据斯托克斯定理：土粒下沉的速度与土粒粒径的平方成正比；或者，粒径与沉降速度的平方根成正比。

除上述两种常用方法外，还有累计曲线法。通常用半对数坐标纸绘制累计曲线，横坐标（按对数比例尺）表示粒径d，纵坐标表示小于某一粒径土粒的累计质量百分数P。

在半对数坐标纸上点出各粒组累计百分数的对应坐标，然后将各点连成一条平滑曲线，即得该土样的累计曲线。

土的结构按其颗粒的排列及连接有下列3种。

①单粒结构。

单粒结构是碎石类土和砂土的结构特征。此种结构的土粒间没有连接或只有极微弱的连接，可以忽略不计。按土粒间的相互排列方式和紧密程度不同，可将单粒结构分为松散结构和紧密结构。

在静荷载作用下，尤其在振动荷载作用下，疏松的单粒结构会趋于紧密，孔隙度降低，地基发生突然沉陷，导致建筑物遭到破坏，特别是只具有松散结构的砂土，在饱水情况下受震动时，会变成流动状态，对建筑物的破坏性更大。紧密状态单粒结构的土，由于其土粒排列紧密，在动荷载、静荷载作用下都不会产生较大压缩沉陷，孔隙度的变化也很小，其上建筑物不致遭受破坏。紧密结构的砂土只有在侧向松动，如开挖基坑后才会变成流沙状态。因此，从工程地质角度来看，紧密结构是最理想的结构。

②蜂窝结构。

蜂窝结构是颗粒细小的黏性土具有的结构形式。当土粒粒径在0.002~0.020 mm，土粒在水中沉积时，由于土粒之间的分子引力大于土颗粒的重力，因而土粒就停留在最初的接触点上不再下沉，并逐渐由单个土粒串联成小链状体，边沉积边围合而形成内包孔隙的似蜂窝的结构；形成的孔隙尺寸远大于土粒本身尺寸，所沉积的土层没有受过较大的上覆压力，在建筑物的荷载作用下会产生较大沉降。

③絮状结构（又称二级蜂窝结构）。

絮状结构是颗粒最细小的黏土特有的结构形式。当土粒粒径小于0.002 mm时，土粒在水中长期悬浮，不因自重而下沉。随着许多土粒在水中运动，土粒之间相互碰撞，逐渐凝聚形成小链环状，质量增大而下沉，一个小链环碰到另一个小链环，许多个小链环又形成大链环状，称为絮状结构。同时由于小链环中已有孔隙，大链环中有更大的孔隙，人们形象地称之为二级蜂窝结构。絮状结构比蜂窝结构孔隙含量更多，在荷载作用下能产生更大的沉降。

当外界条件变化时（如荷载条件、温度条件或介质条件变化），土的结构在形成过程中及形成之后，都会发生相应的变化。

第二节　土的物理性质

土的物理性质是指土的各组成部分（固相、液相和气相）的数量比例、性质和排列方式等所表现的物理状态，如质量、干湿程度、松密程度等，它们是土最基本的工程性质。

一、土的物理性质指标

土的物理性质指标是指土中固相、液相、气相三者在体积和质量方面相互比例不同所带来的物理性质指标的物理意义和数值的大小，可通过物理性质指标间接地评定土的工程性质。

为了导出三相比例指标，把土体中的3个分散相，抽象地分别集合在一起：固相集中于下部，液相居中部，气相集中于上部，构成理想的三相图；在三相图右边标注各相的体积，左边标注各相的质量。

二、土的物理状态指标

对于粗粒土来说，土的物理状态是指土的密实程度；对于细粒土来说，土的物理状态是指土的软硬程度或为黏性土的稠度。

黏性土的颗粒很细，土粒与土中水相互作用很显著，关系极密切。例如，同一种黏性土，当它的含水量小时，土呈半固体坚硬状态；当含水量适当增加，土粒间距离加大，土呈现可塑状态；如含水量再增加，土中出现较多的自由水时，黏性土变成液体流动状态。

黏性土随着含水量不断增加，土的状态变化为固态→半固态→塑性→液态，地基土的承载力也随之降低，亦即承载力基本值相差10倍以上。由此可见，黏性土最主要的物理特性是土粒与土中水相互作用产生的稠度，即土的软硬程度。

黏性土的稠度是反映土粒之间的连接强度随着含水量高低而变化的性质，其中不同状态之间的界限含水量具有重要的意义。

第三节　土的力学性质

一、土的压缩性和抗剪性

1. 土的压缩性

在建筑物基底附加压力作用下，地基土内各点除了承受由土自重引起的自重应力外，还要承受附加应力使地基土产生附加的变形，即体积变形和形状变形。对土这种材料来说，体积变形通常表现为体积缩小，把这种在外力作用下土体积缩小的特性称为土的压缩性。

土的压缩的实质是土颗粒之间产生相对移动而靠拢，使土体内孔隙减小。土的压缩性主要有两个特点：

（1）土的压缩主要是由孔隙体积减小而引起的。对一般的工程问题，土体的应力水平多在数百千帕以下，在这样的应力作用下，土中颗粒的变形很小，完全可忽略不计，因此，土的压缩性是土中孔隙减小的结果，土体积的变化量就等于其中孔隙的减少量。

（2）由于孔隙水的排出而引起的压缩对于饱和性黏土来说是需要时间的，土的压缩程度随时间增大的过程称为土的固结。这是由于黏性土的透水性很差，土中水沿着孔隙排出的速度很慢。

土的压缩性指标主要有压缩系数、压缩模量、变形模量。压缩系数、压缩模量可通过室内固结试验获得，变形模量可由现场荷载试验取得。不同的土压缩性有很大的差别，其主要影响因素包括土本身的性状（如土粒级配、结构构造、成分、孔隙水等）和环境因素（如应力路线、应力历史、温度等）。

2. 土的抗剪性

土的抗剪强度是指土体对于外荷载所产生的剪应力的极限抵抗能力。其数值等于剪切破坏时滑动的剪应力。当土中某点由外力所产生的剪应力达到土的抗剪强度，沿某一面发生了与剪切方向一致的相对位移时，便认为该点发生了剪切破坏。

在实际工程中，与土的抗剪强度有关的问题主要有以下 3 个方面：

（1）土坡稳定性问题。土坡稳定性问题包括天然土坡（如山坡、河岸等）和人工土坡（如土坝、路堤等）的稳定性问题。

（2）土压力问题。土压力问题包括挡土墙、地下结构物等周围的土体对其产生的侧向压力可能导致这些构造物发生滑动或倾覆。

（3）地基的承载力与稳定性问题。当外荷载很大时，基础下地基的塑性变形区扩展成一个连续的滑动面，使得建筑物整体丧失了稳定性。

土的抗剪强度指标包括内摩擦角和黏聚力，其值是地基与基础设计的重要参数，该指标需要用专门的仪器通过试验来确定。常用的试验仪器有直接剪切仪、无侧限压力仪、三轴剪切仪和十字板剪切仪等。

二、土的压实性

在工程建设中，经常遇到填土或软弱地基，填土不同于天然土层，因为经过挖掘、搬运之后，原状结构已被破坏，含水量已变化，堆填时必然在土团之间留下许多孔隙。未经压实的填土强度低，压缩性大而且不均匀，遇水易发生塌陷、崩解等。为了改善这些土的工程性质，常采用压实的方法使土变得密实，使之具有足够的密实度（所谓“足够的密实度”是指通过在标准压实条件下获得压实填土的最大干密度和相应的最佳含水量），以确保行车平顺和安全。对于松散土层构成的路堑地段的路基面，为改善其工作条件也应予以压实。

压实是采用人工或机械手段对土施加夯压能量，使土粒在外力作用下不断靠拢，重新排列成密实的新结构，使土粒之间的内摩阻力和黏聚力不断增加，从而达到提高土的强度、改善土的性质的目的。

第四节　土的工程分类

一、土方工程的分类与施工特点

1. 土方工程的分类

土方工程是建筑工程施工的主要工程之一，主要包括土方的开挖、运输、回填、压实、路基修筑等过程，以及排水、降水和土壁支撑的准备及辅助工作。

一般在建筑工程中，土方工程的开挖可按其几何形体不同分为以下四类：

（1）场地平整。场地平整是将天然地面改造成所要求的设计平面时所进行的土方施工全过程，在三通一平工作中，包括确定场地设计标高，计算挖、填土方量，土方调配等，一般指挖、填平均厚度≤ 300 mm 的土方施工过程。

（2）基坑开挖。基坑开挖是指开挖底面积≤ 20 m^2，且长宽比 <3 的土方施工过程。

（3）基槽开挖。基槽开挖是指开挖宽度≤ 3 m，且长宽比≥ 3 的土方施工过程。

（4）地下大型土方开挖。地下大型土方开挖是指山坡切土或挖填厚度 >300 mm，开挖宽度 >3 m，开挖底面积 >20 m^2 的土方施工过程。

2. 土方工程的施工特点

（1）土方工程的施工面广、量大、工期长、劳动强度大。大型建筑项目的土方工程施工面积可达数十平方千米，土方量达数万立方米；大型基坑的开挖，有的深度达 20 多米。

（2）土方工程的施工条件复杂。土方工程施工多为露天作业，受地质、水文、气候和邻近建筑物条件的影响较大，不确定因素多。

（3）土方工程的施工质量要求高。土方工程施工涉及的内容广，既要满足标高准确、土体强度与承载力的要求，又要满足土体边坡稳定、断面合理的要求。

因此，为了减轻劳动强度、提高劳动生产率、缩短工期、降低工程成本，在组织土方工程施工前，必须根据工程实际条件，认真研究和分析各项技术资料，做好施工组织设计，制定经济合理的施工方案，施工过程中科学管理，严格按设计要求和施工规范的规定进行质量检查与检验，以保证工程质量和较好的经济效果。

二、土的分类与工程性质

土的种类繁多，其分类方法也很多，如可按土的沉积年代、颗粒级配、密实度、液性指数等分类。

在建筑施工中，常根据土方施工时土的开挖难易程度，将土分为八类，即松软土、普通土、坚土、沙砾坚土、软石、次坚石、坚石、特坚石，前四类为土，后四类为岩石。

土的工程性质对土方工程施工有直接影响，也是确定土方工程施工方案的基本资料。在进行土的成分分析时，土的性质较多，如土的密实度、孔隙率、抗剪强度、土压力、可松性、含水量、渗透性等，在这里仅对土方施工中常见的基本性质说明如下。

1. 土的含水量

土的含水量是指土中水的质量与固体颗粒质量的百分比，用表示，即

$$\omega = \frac{m_w}{m_s} \times 100\%$$

式中：m_w——土中水的质量，kg；

m_s——土中固体颗粒的质量，kg。

土的含水量是反映土干湿程度的重要指标，一般采用烘干法测定。土的含水量大小对土方开挖、边坡稳定、回填土的压实等均有影响。天然土层的含水量变化范围很大，它与土的种类、埋藏条件及其所处的地理环境等有关。

2. 土的密度

（1）土的天然密度。

土在天然状态下单位体积的质量称为土的天然密度，用 ρ 表示，即

$$\rho=m/V$$

式中：ρ——土的天然密度，kg/m^3；

m——土的总质量，kg；

V——土的天然体积，m^3。

（2）土的干密度。

单位体积土中固体颗粒的质量称为土的干密度，用 ρ_d 表示，即

$$\rho_d=m_s/V$$

式中：ρ_d——土的干密度，kg/m^3；

m_s——土中固体颗粒的质量，kg；

V——土的天然体积，m^3。

土的密度通常采用环刀法和烘干法测定。工程上常把土的干密度作为评定土体密实程度的标准，以控制基底压实及填土工程的压实质量。

3. 土的可松性

土具有可松性，即自然状态下的土经开挖后，其体积因松散而增大，以后虽经回填压实，其体积仍不能恢复原状。土的可松性程度一般用可松性系数表示，即最初可松性系数 K_s，其计算式为

$$K_s=V_1/V$$

式中：V——土的天然体积，m^3；

V_1——开挖后土的松散体积，m^3。

最终可松性系数 K_s'，其计算式为

$$K_s'=V_2/V$$

式中：V_2——回填压实后土的体积，m^3。

在土方工程施工中，土的可松性对土方量的平衡调配、土方运输量和运土机具的数量、回填土预留量等均有很大影响。

4. 土的渗透性

土的渗透性是指土体被水透过的性质。土的渗透性一般用渗透系数表示，即水在单位时间内穿透土层的能力，表达公式为

$$K=\frac{v}{I}$$

$$I=\frac{H_A-H_B}{L}$$

式中：K——土的渗透系数，m/d；

v——水在土中的渗流速度，m/d；

I——土的水力坡度；

H_A、H_B——A、B 两点的水位，m；

L——土层中水的渗流路程，m。

土的渗透系数的大小可反映出土体透水性的强弱，是计算降低地下水时涌水量的主要参数，它与土的种类、密实程度有关，一般可以通过室内渗透试验或现场抽水试验测定，根据土的渗透性不同，可将土分为透水性土（如砂土）和不透水性土（如黏土）。

三、稳定土

在粉碎土和原状松散的土（包括各种粗、中、细粒土）中掺入适量的石灰、水泥、工业废渣、沥青及其他材料后，按照一定技术要求经拌和，在最佳含水

量下压实成型，经一定龄期养生硬化后，其抗压强度符合规定要求的混合材料称为稳定土。

（一）稳定土的组成

1. 土质

各种成因的土都可用，石灰较稳定，但生产实践证明，黏性土较好，其稳定效果显著，强度也高。高液限黏土在施工中不易粉碎；粉性土的石灰土早期强度较低，但后期强度可满足使用要求；低液限土时易拌和，但难以碾压成型，稳定的效果不显著。所以，在选取土质时，既要考虑其强度，还要考虑到施工时易于粉碎、便于碾压成型。一般采用塑性指数为 15~20 的黏性土比较好。塑性指数偏大的黏土，要加强粉碎，粉碎后，土中的土块不宜超过 15 mm。经验证明，塑性指数小于 15 的土不宜用石灰稳定。对于硫酸盐类含量超过 0.8% 或腐殖质含量超过 10% 的土，对强度有显著影响，不宜直接采用。

2. 稳定材料（又称稳定剂）

（1）石灰。

用于稳定土的石灰应是消石灰或生石灰粉，对高速公路或一级公路宜用磨细生石灰粉，所用石灰质量应为合格品以上，应尽量缩短石灰存放时间。石灰剂量对石灰土强度有显著影响，实践中常用的最佳剂量范围为黏性土及粉性土为 8%~14%，砂性土为 9%~16%。

（2）水泥。

各种类型的水泥都可用于稳定土，相比而言，硅酸盐水泥的稳定效果较好。所掺水泥量以能保证水泥稳定土技术性能指标为前提。

（3）粉煤灰。

粉煤灰是火力发电厂排出的废渣，属硅质或硅铝质材料，本身很少有或没有黏结性，当它以分散状态与水和消石灰或水泥混合时，可以发生反应形成具有黏结性的化合物。粉煤灰加入土可以用来稳定各种粒料和土。

3. 水

水可以促使石灰土发生一系列物理、化学变化，形成强度；水有利于土的粉碎、拌和、压实，并且有利于养生。不同土质的石灰土所需含水量不同。此外，所用水必须是清洁的，通常要求使用可饮用水。

（二）稳定土的技术性质

1. 强度

（1）强度形成原理。

在土中掺入适量的石灰，并在最佳含水量下拌匀压实，使石灰与土发生一系列物理、化学作用，从而使土的性质得到根本改善。这种强度形成的过程一般经历了以下几种作用过程：离子交换作用、结晶硬化作用、火山灰作用、碳化作用、硬凝作用和吸附作用。

①离子交换作用。土的微小颗粒有一定的胶体性质，它们一般都带有电荷，表面吸附着一定数量的钠、氢、钾等低价阳离子，石灰是一种电解质，在土中加入石灰和水后，石灰在溶液中电离出来的钙离子就与土中的钠、氢、钾离子产生离子交换作用，原来的钠（钾）土变成了钙土，土颗粒表面所吸附的离子由 1 价变成了 2 价，减少了土颗粒表面吸附水膜的厚度，使土粒相互之间更为接近，分子引力随之增加，许多单个土粒聚成小团粒，进而组成一个稳定结构。

②硬凝作用。此作用主要是水泥水化生成胶结性很强的各种物质，如水化硅酸钙、水化铝酸钙等，这类物质能将松散的颗粒胶结成整体材料。这种作用对于水泥稳定粗粒土和中粒土的作用显著。

③吸附作用。某些稳定剂加入土中后能吸附于颗粒表面，使土颗粒表面具有憎水性或使颗粒表面黏结性增强，如沥青稳定剂。

（2）影响稳定土强度性能的因素。

稳定土的强度一般通过无侧限强度试验检测。以石灰稳定土为例，其强度可以分为未养生强度和养生强度。未养生强度是土中掺入石灰后，立刻发生一些有益于强度提高的反应（如阳离子反应、絮凝团聚作用）所带来石灰土强度的提高。养生强度是火山灰长期作用的结果。

在最佳含水量下形成的石灰稳定细粒土的无侧限抗压强度范围为0.17~2.07 MPa。石灰土的强度受到土质、灰质、石灰剂量、含水量与密实度等内因和养生湿度、温度与龄期等外因的影响。

①土质的影响。一般而言，黏土颗粒活性强、比表面积大，与石灰之间的强度形成作用就比较强。故石灰土强度随土的塑性指数增加及土中黏粒含量增加而提高。经试验，粉质土的稳定效果最佳。

②石灰品质。钙质石灰比镁质石灰稳定土的初期强度高，特别是在剂量不大的情况下，但镁质石灰土的后期强度并不比钙质石灰土的低。石灰的质量等级越高，细度越大，稳定效果越好。

③密实度。随着石灰土密实度的提高，其无侧限抗压强度也显著提高，而且其抗冻性、水稳定性均得以提高，缩裂现象也减少。

④养生温度与湿度。潮湿环境中养生石灰土的强度要高于空气中养生的强度。在正常条件下，随着养生温度的提高，石灰土的强度提高，发展速度加快。在负温条件下，石灰土强度基本停止发展，冰冻作用可以使石灰土的强度受损失。

⑤养生龄期。石灰土早期强度低，增长速度快，后期强度提高速率趋缓，并在较长时间内随时间增长而发展。石灰土强度发展可持续达10年之久。稳定土的强度随龄期的增长而不断提高，逐渐具有一定的刚性性质。一般规定，水泥稳定土的设计龄期为3个月，石灰或石灰粉煤灰稳定土的设计龄期为6个月。

2. 稳定土的疲劳特性

稳定土的疲劳寿命主要取决于重复应力与极限应力之比，原则上当稳定土可接受无限次重复加荷次数而无疲劳破裂，但是由于材料的变异性，实际试验时其疲劳寿命要短得多。在一定应力条件下，稳定土的寿命取决于其强度和刚度。强度越高刚度越小，其疲劳寿命就越长。由于稳定土材料的不均匀性，其疲劳寿命还与本身试验的变异性有关。

3. 稳定土的变形性能

（1）干缩特性。

稳定土经拌和压实后，由于水分挥发和本身内部的水化作用，稳定土的水分会不断减少。由此发生的毛细管作用、吸附作用、分子间力的作用、材料矿物晶体或凝胶体间层间水的作用和碳化收缩作用等会引起稳定土的体积收缩。稳定土的干缩性与结合料的种类、剂量、土的类别、含水量和龄期等有关。

（2）温度收缩特性。

因稳定土是由固相、液相和气相三相组成的，故稳定土的胀缩性能是三相在不同温度条件下胀缩性能综合效应的结果。稳定土中的气相大都与大气贯通，在综合效应中影响很小，可忽略不计。稳定土砂粒以上颗粒的温度收缩性较小，粉粒以下的颗粒温度收缩性较大。稳定土的温度收缩特性与结合料类别、粒料含量、龄期等有关。稳定土施工时应非常关注养生环节。

（3）稳定土的水稳定性和冰冻稳定性。

稳定土处于道路路面面层之下，当面层开裂产生渗水时，会使得稳定土的含水量增加，强度降低，从而导致路面提前破坏。在寒冷地区，冰冻将加剧这种破坏。稳定土的水稳定性和冰冻稳定性主要与土的水稳定性、稳定材料种类、稳定土的密实程度及养护龄期有关。稳定土的水稳定性和冰冻稳定性一般采用浸水强度试验和冻融循环试验检测。

4. 稳定土的应用

稳定土的刚度介于柔性路面材料和刚性路面材料之间，通常称稳定土为半刚性材料。稳定土具有稳定性好、抗冻性好、整体性好、后期强度较高、结构本身自成板体，但其耐磨性差等特点，广泛用于修筑路面结构基层和底基层。

5. 稳定土的配合比设计

稳定土的配合比是指组成稳定土的各种组成材料用量之比，稳定土的配合比设计就是确定这个用量比例的过程，即根据对某种稳定土所规定的技术要求，选择合适的原材料，掺配用料，确定结合料的种类和数量及混合料的最佳含水量。

第三章　新型建筑工程材料分析

市政工程大多为公共交通或建筑工程，在市政工程中对于新材料的使用能够有效延长建筑的使用寿命，带来更好的使用效果。本章主要对新型建筑工程材料进行详细的介绍。

第一节　烧结砖与砌块

在建筑工程中凡是以黏土、工业废料或其他地方资源为主要原料，以不同生产工艺制成的，在建筑中用于砌筑承重和非承重墙体的砖，统称为砌墙砖。

建筑墙体用砖材料按照生产工艺不同，可分为烧结砖和非烧结砖两种：烧结砖是经焙烧工艺而制得的，非烧结砖通常是通过蒸汽养护或蒸压养护而制得的。

建筑墙体用砖材料按照孔洞率和孔洞特征不同，可分为普通砖、多孔砖和空心砖等。普通砖是指无孔洞或孔洞率小于 15% 的砖，多孔砖一般是指孔洞率不小于 25%、孔的尺寸小而数量多的砖，空心砖一般是指孔洞率不小于 35%、孔的尺寸大而数量少的砖。

一、烧结普通砖

国家标准规定，凡以黏土、页岩、煤矸石和粉煤灰等为主要原料，经成型、焙烧而成的实心或孔洞率不大于 15% 的砖，统称为烧结普通砖。烧结普通砖在我国已经有两千多年的历史，仍是当今广泛应用的墙体材料。烧结普通砖具有原料丰富、来源广泛、工艺简单、价格低廉等优点。

需要特别指出的是，烧结普通砖中的黏土砖，因其毁田取土，具有能耗大、块体小、施工效率低、砌体自重大、抗震性差等缺点，在我国主要大中城市及地区已被禁止使用。

建筑墙体用砖材料按照所用原材料不同，可分为烧结黏土砖（代号为N）、烧结页岩砖（代号为Y）、烧结煤矸石砖（代号为M）和烧结粉煤灰砖（代号为F）等。

烧结普通砖的分类如下：

（1）根据现行国家标准的规定，烧结普通砖按照其抗压强度分为MU30、MU25、MU20、MU15和MU10五个强度等级。

（2）强度、抗风化性能和放射性物质合格的砖，根据其尺寸偏差、外观质量、泛霜和石灰爆裂可分为优等品（A）、一等品（B）和合格品（C）三个质量等级。优等品适用于清水墙和装饰墙，一等品和合格品适用于混水墙。有中等泛霜的砖，不能用于潮湿部位。

二、烧结多孔砖和多孔砌块

根据现行国家标准的规定，烧结多孔砌块是指经过焙烧而成，孔洞率大于或等于33%，孔的尺寸小而数量多的砌块，这类砌块主要用于承重部位。

1. 烧结多孔砖和多孔砌块的分类

（1）烧结多孔砖和多孔砌块按主要原料，可分为黏土砌块（N）、页岩砖和页岩砌块（Y）、煤矸石砖和煤矸石砌块（M）、粉煤灰砖和粉煤灰砌块（F）、淤泥砖和淤泥砌块（U）、固体废弃物砖块和固体废弃物砌块（G）。

（2）烧结多孔砖和多孔砌块根据其抗压强度，可分为MU30、MU25、MU20、MU15和MU10五个强度等级。

（3）烧结多孔砖按密度等级，可分为1 000、1 100、1 200和1 300四个等级；多孔砌块按密度等级，可分为900、1 000、1 100和1 200四个等级。

2. 烧结多孔砖和多孔砌块的规格

（1）砖和砌块的外形一般为直角六面体，在与砂浆的接合面上应设有增加结合力的粉刷槽和砌筑砂浆槽，并符合下列规定。

①粉刷槽。混水墙用砖和砌块应在条面或顶面上设有均匀分布的粉刷槽或类似的结构，深度不小于2 mm。

②砌筑砂浆槽。砌块至少应在一个条面或顶面上设立砌筑砂浆槽。两个条面或顶面都有砌筑砂浆槽时，砌筑砂浆槽的深度应大于15 mm，且小于25 mm；只有一个条面或顶面有砌筑砂浆槽时，砌筑砂浆槽的深度应大于30 mm，且小于40 mm。砌筑砂浆槽的宽度，应超过砂浆槽的所处砌块面宽度的50%。

（2）砌块和砖的长度、宽度、高度的尺寸应符合下列要求。砖的规格尺寸：290 mm、240 mm、190 mm、180 mm、140 mm、115 mm、90 mm。砌块规格尺寸：490 mm、440 mm、390 mm、340 mm、290 mm、240 mm、190 mm、140 mm、115 mm、90 mm。其他规格尺寸由供需双方协商确定。

3. 烧结多孔砖和多孔砌块技术要求

（1）烧结多孔砖和多孔砌块尺寸允许偏差。烧结多孔砖和多孔砌块的尺寸允许偏差应符合表3-1中的要求。

表3-1　烧结多孔砖和多孔砌块的尺寸允许偏差

尺寸范围 /mm	样本平均偏差	样本极差	尺寸范围 /mm	样本平均偏差	样本极差
>400	±3.0	≤ 10.0	100~200	±2.0	≤ 7.0
300~400	±2.5	≤ 9.0	<100	±1.5	≤ 6.0
200~300	±2.5	≤ 8.0	—	—	—

（2）烧结多孔砖和多孔砌块强度等级要求。烧结多孔砖和多孔砌块的强度等级应符合表 3-2 中的要求。

表 3-2 烧结多孔砖和多孔砌块的强度等级

强度等级	抗压强度平均值	强度标准值	强度等级	抗压强度平均值	强度标准值
MU30	>30.0	≥ 22.0	MU15	>15.0	≥ 10.0
MU25	>25.0	≥ 18.0	MU10	>10.0	≥ 6.5
MU20	>20.0	≥ 14.0	—	—	—

（3）烧结多孔砖和多孔砌块其他性能要求。烧结多孔砖和多孔砌块其他性能要求，主要包括泛霜、石灰爆裂、放射性核素限量、抗冻性和外观质量。

①泛霜。烧结多孔砖和多孔砌块均不允许出现严重的泛霜。

②石灰爆裂。破坏尺寸大于 2 mm 且小于或等于 15 mm 的爆裂区域，每组砖和砌块不得多于 15 处，其中大于 10 mm 的不得多于 7 处；不允许出现破坏尺寸大于 15 mm 的爆裂区域。

③放射性核素限量。烧结多孔砖和多孔砌块的放射性核素限量应符合现行国家标准的规定。

④抗冻性。15 次冻融循环试验后，每块砖和砌块不允许出现裂纹、分层、掉皮、缺棱掉角等冻坏现象。

⑤外观质量要求。产品中不允许有欠火砖（砌块）、酥砖（砌块）。

三、混凝土实心砖

混凝土实心砖是一种新型墙体材料产品，随着国家禁止黏土砖的生产和使用，解决毁田烧砖问题越来越受到各省、市的重视，在这种环境下，混凝土实心砖得到快速发展，特别是在浙江、上海、江苏、福建、湖北、广东、湖南等省、市发展很快。

根据现行国家标准的规定，混凝土实心砖是指以水泥、骨料，以及根据需要加入的掺合料、外加剂等，经加水搅拌、成型、养护制成的砖。混凝土实心砖的主规格为 240 mm × 115 mm × 53 mm，其他规格由供需双方协商确定。

1. 混凝土实心砖对原材料要求

（1）水泥。制作混凝土实心砖所用的水泥，宜采用通用硅酸盐水泥，其技术性能应符合现行国家标准的规定。

（2）细骨料。制作混凝土实心砖所用的细骨料，应符合现行国家标准的规定。

（3）粗骨料。制作混凝土实心砖所用的粗骨料、轻集料和重矿渣，都应符合现行国家标准的规定。

（4）掺合料。制作混凝土实心砖所用的掺合料应符合现行国家标准的规定。

（5）外加剂。制作混凝土实心砖所用的外加剂应符合现行国家标准的规定。

2. 混凝土实心砖的质量要求

（1）混凝土实心砖尺寸允许偏差。混凝土实心砖的尺寸允许偏差应符合表 3-3 的要求。

表 3-3　混凝土实心砖的尺寸允许偏差

项目名称	标准值 /mm	项目名称	标准值 /mm
长度	−1~2	高度	−1~2
宽度	−2~2	—	—

（2）混凝土实心砖的外观质量。混凝土实心砖的外观质量应符合表 3-4 中的要求。

表 3-4　混凝土实心砖的外观质量

项目名称	标准值 /mm	项目名称	标准值 /mm
成形面的高度差不大于	2.0	完整面（不得少于）	一条面和一顶面
弯曲不大于	2.0	缺棱掉角的三个方向的投影尺寸（不得同时大于）	10
裂纹长度的投影尺寸不大于	20		

（3）混凝土实心砖的密度等级。混凝土实心砖的密度等级应符合表 3-5 中的要求。

表 3-5 混凝土实心砖的密度等级

密度等级	3 块平均值 /（$kg \cdot m^{-3}$）	密度等级	3 块平均值 /（$kg \cdot m^{-3}$）
A 级	≥ 2 100	C 级	≤ 1 680
B 级	1 681~2 099	—	—

四、非烧结垃圾尾矿砖

根据现行行业标准的规定，非烧结垃圾尾矿砖系指以淤泥、建筑垃圾、焚烧垃圾等为主要原料，掺入少量水泥、石膏、石灰、外加剂、胶结剂等材料，经粉碎、搅拌、压制成型、蒸压、蒸养或自然养护而制成的一种实心非烧结垃圾尾矿砖。

1. 非烧结垃圾尾矿砖的规格与分类

非烧结垃圾尾矿砖的外形为矩形体，砖的公称尺寸为 240 mm × 115 mm × 53 mm，也可根据实际需要由供需双方协商确定；按抗压强度可分为 MU25、MU20 和 MU15 三个等级。

2. 非烧结垃圾尾矿砖的性能要求

（1）非烧结垃圾尾矿砖尺寸要求。非烧结垃圾尾矿砖的尺寸偏差应符合表 3-6 的要求。

表 3-6 非烧结垃圾尾矿砖的尺寸偏差

项目名称	标准值 /mm	项目名称	标准值 /mm
长度	± 2.0	高度	± 2.0
宽度	± 2.0	—	—

（2）非烧结垃圾尾矿砖的强度等级要求。非烧结垃圾尾矿砖的强度等级应符合表 3-7 中的要求。

表 3-7　非烧结垃圾尾矿砖的强度等级

强度等级	抗压强度平均值	变异系数 δ ≤ 0.21	变异系数 δ > 0.21
		强度标准值	单块最小抗压强度
MU25	≥ 25.0	≥ 19.0	≥ 20.0
MU20	≥ 20.0	≥ 14.0	≥ 16.0
MU15	≥ 15.0	≥ 10.0	≥ 12.0

（3）非烧结垃圾尾矿砖的抗冻性要求。非烧结垃圾尾矿砖的抗冻性应符合表 3-8 中的要求。

表 3-8　非烧结垃圾尾矿砖的抗冻性

强度等级	冻后抗压强度平均值不小于 /MPa	单块砖的干质量损失不大于 /%
MU25	22.0	2.0
MU20	16.0	2.0
MU15	12.0	2.0

（4）非烧结垃圾尾矿砖的碳化性能要求。非烧结垃圾尾矿砖的碳化性能应符合表 3-9 中的要求。

表 3-9　非烧结垃圾尾矿砖的碳化性能

强度等级	碳化后强度平均值 /MPa	强度等级	碳化后强度平均值 /MPa
MU25	≥ 22.0	MU15	≥ 12.0
MU20	≥ 16.0	—	—

（5）非烧结垃圾尾矿砖的其他性能要求。非烧结垃圾尾矿砖的其他性能要求包括干燥收缩性、吸水率、软化性能、放射性等。非烧结垃圾尾矿砖的干燥收缩性平均值不应大于 0.06%；非烧结垃圾尾矿砖的吸水率单块不应大于 18%；非烧结垃圾尾矿砖的软化性能平均值不小于 0.80；非烧结垃圾尾矿砖的放射性应符合现行国家标准的要求。

五、蒸压灰砂砖

根据现行国家标准的规定，蒸压灰砂砖是以砂、石灰为主要原料，经坯料制备、压制成型、蒸压养护而成的实心砖，简称灰砂砖。蒸压灰砂砖的原料主要为砂，推广蒸压灰砂砖取代黏土砖，对减少环境污染、保护耕地、改善建筑功能有积极作用。

1. 蒸压灰砂砖的规格与等级

蒸压灰砂砖的外形为直角六面体，砖的公称尺寸为 240 mm × 115 mm × 53 mm，生产其他规格尺寸产品，由供需双方协商确定。蒸压灰砂砖按其颜色不同，可分为彩色的（Co）和本色的（N）。蒸压灰砂砖按抗压强度可分为 MU25、MU20、MU15 和 MU10 四个等级。蒸压灰砂砖根据尺寸偏差、外观质量、强度等级等方面，可以分为优等品（A）、一等品（B）、合格品（C）。

2. 蒸压灰砂砖的原材料要求

（1）细骨料。制作蒸压灰砂砖所用的细骨料应符合现行的行业标准的规定。

（2）石灰。制作蒸压灰砂砖所用的石灰应符合现行的行业标准的规定。

（3）其他原材料。制作蒸压灰砂砖所用的外加剂和颜料等应符合现行标准中的规定，且不能对砖的性能产生不良影响。

3. 蒸压灰砂砖的技术性能要求

（1）蒸压灰砂砖尺寸偏差和外观。蒸压灰砂砖的尺寸偏差和外观应符合相关规定。

（2）蒸压灰砂砖的颜色要求。用于建筑工程上的蒸压灰砂砖，对于彩色灰砂砖要求颜色应基本一致，无明显色差，但对本色灰砂砖不做规定。

（3）蒸压灰砂砖抗压和抗折强度。蒸压灰砂砖的抗压强度和抗折强度应符合表 3-10 的规定。

表 3-10　蒸压灰砂砖的抗压强度和抗折强度要求

强度等级	抗压强度 /MPa		抗折强度 /MPa	
	10 块平均值	单块砖抗压强度	10 块平均值	单块砖抗折强度
MU25	≥ 25.0	≥ 20.0	≥ 5.0	≥ 4.0
MU20	≥ 20.0	≥ 16.0	≥ 4.0	≥ 3.2
MU15	≥ 15.0	≥ 12.0	≥ 3.3	≥ 2.6
MU10	≥ 10.0	≥ 8.0	≥ 2.5	≥ 2.0

注：优等品的强度级别不得小于 MU15。

（4）蒸压灰砂砖的抗冻性要求。蒸压灰砂砖的抗冻性要求应符合表 3-11 中的规定。

表 3-11　蒸压灰砂砖的抗冻性要求

强度等级	抗压强度平均值 /MPa	砖的干质量损失（单块值）/%
MU25	≥ 20.0	≤ 2.0
MU20	≥ 16.0	
MU15	≥ 12.0	
MU10	≥ 8.0	

注：优等品的强度级别不得小于 MU15。

六、混凝土多孔砖

根据现行行业标准的规定，混凝土多孔砖是指以水泥为胶结料，以砂、石、煤矸石等为集料，可掺入少量的粉煤灰、粒化高炉矿渣粉等，经配料、搅拌、成型、养护等工艺制成的多孔砖。

混凝土多孔砖按其尺寸偏差、外观质量，可分为一等品（B）和合格品（C）；混凝土多孔砖按其强度等级不同，可分为 MU10、MU15、MU20、MU25 和 MU30 五个等级。

1. 混凝土多孔砖的原材料要求

（1）水泥。制作混凝土多孔砖所用的水泥，宜采用通用硅酸盐水泥，其技术性能应符合现行国家标准的规定。

（2）细骨料。制作混凝土多孔砖所用的细骨料应符合现行国家标准的规定。

（3）粗骨料。制作混凝土多孔砖所用的粗骨料、轻集料、重矿渣，都应符合现行国家标准的规定。如采用石屑等破碎石材，小于 0.15 mm 的细石粉含量应不大于 20%。

（4）粉煤灰。制作混凝土多孔砖所用的粉煤灰，应符合现行国家标准的规定。

（5）粒化高炉矿渣。制作混凝土多孔砖所用的粒化高炉矿渣，应符合现行国家标准的规定。

（6）外加剂。制作混凝土多孔砖所用的外加剂，应符合现行国家标准的规定。

2. 混凝土多孔砖技术性能要求

（1）混凝土多孔砖的规格尺寸。混凝土多孔砖的外形为直角六面体，其长度、宽度、高度应符合下列规定：290 mm、240 mm、190 mm、180 mm；240 mm、190 mm、115 mm、90 mm；115 mm、90 mm。最小外壁厚度不应小于 15 mm，最小肋厚度不应小于 10 mm。

（2）混凝土多孔砖的孔洞排列。混凝土多孔砖的孔洞排列要求应符合表 3-12 的规定。

表 3-12　混凝土多孔砖的孔洞排列要求

孔形	孔洞率	孔洞排列	孔形	孔洞率	孔洞排列
矩形孔或矩形条形孔	≥ 30%	多排、有序交错排列	矩形孔或其他的孔形	≥ 30%	条面 2 排以上

（3）混凝土多孔砖抗渗性能。用于外墙的混凝土多孔砖的抗渗性能应符合表 3-13 的规定。

表 3-13　用于外墙的混凝土多孔砖的抗渗性能要求

项目名称	技术指标
水面下降高度 /mm	3 块中的任意一块不得大于 10

（4）混凝土多孔砖的放射性。混凝土多孔砖的放射性应符合现行国家标准的规定。

七、承重混凝土多孔砖

根据现行国家标准的规定，承重混凝土多孔砖是指以水泥、砂、石等为主要原材料，经配料、搅拌、成型、养护制成，用于承重结构的多排孔混凝土砖，代号为 LPB。

承重混凝土多孔砖的外形为直角六面体，其长度、宽度、高度应符合下列规定：360 mm、290 mm、240 mm、190 mm、140 mm；240 mm、190 mm、115 mm、90 mm；115 mm、90 mm，其他规格可由供需双方协商确定。

1. 承重混凝土多孔砖的原材料要求

（1）水泥。制作承重混凝土多孔砖所用的水泥，宜采用通用硅酸盐水泥，其技术性能应符合现行国家标准的规定。

（2）细骨料。制作承重混凝土多孔砖所用的细骨料，应符合现行国家标准的规定。

（3）粗骨料。制作承重混凝土多孔砖所用的粗骨料，应符合现行国家标准的规定。

（4）轻集料。制作承重混凝土多孔砖所用的轻集料，应符合现行国家标准的规定。

（5）粉煤灰。制作承重混凝土多孔砖所用的粉煤灰，应符合现行国家标准的规定。

（6）粒化高炉矿渣。制作承重混凝土多孔砖所用的粒化高炉矿渣，应符合现行国家标准的规定。

（7）外加剂。制作承重混凝土多孔砖所用的外加剂，应符合现行国家标准的规定。

（8）其他材料。制作承重混凝土多孔砖所用的其他材料，应符合相关标准的要求，无标准的材料应用前应进行相关试验，符合要求后方可使用。

2. 承重混凝土多孔砖技术性能要求

（1）承重混凝土多孔砖的孔洞率。承重混凝土多孔砖的孔洞率应符合下列要求。

①孔洞率不应小于 25%，也不应大于 35%。

②承重混凝土多孔砖的开孔方向，应与砖上墙后承受压力的方向一致。

③承重混凝土多孔砖任何一个孔洞，在砖长度方向的最大值应不大于砖长度的 1/6；在砖宽度方向的最大值应不大于宽度的 4/15。承重混凝土多孔砖的铺浆面宜为盲孔或半盲孔。

（2）承重混凝土多孔砖的放射性。承重混凝土多孔砖的放射性应符合现行国家标准的规定。

（3）承重混凝土多孔砖的其他要求。承重混凝土多孔砖的其他要求主要包括最小外壁厚度和最小肋厚度、最大吸水率、碳化系数、软化系数等。

承重混凝土多孔砖的最小外壁厚度不应小于 15 mm，最小肋厚度不应小于 10 mm。承重混凝土多孔砖的最大吸水率应不大于 12%。承重混凝土多孔砖的碳化系数应不小于 0.85。承重混凝土多孔砖的软化系数应不小于 0.85。

八、砌墙砖的检测方法

1. 砌墙砖的检测要求

（1）砌墙砖的检测项目。砌墙砖的检测项目主要包括强度、尺寸偏差、外观质量、抗风化性能、泛霜、石灰爆裂、冻融。

（2）砌墙砖的取样规定。同一等级、同一品种 3.5 万~15 万块为一检验批，不足 3.5 万块的按一检验批计。

（3）砌墙砖的取样数量。外观质量，50 块；尺寸偏差，20 块；强度等级，

10 块；泛霜，5 块；抗风化性能，5 块；石灰爆裂，5 块；冻融，5 块。

（4）砌墙砖的取样方法。外观质量检验的试样采用随机取样法，从每批检验的产品垛中抽取；其他检验项目用随机取样法从外观质量检验合格品中抽取。

（5）砌墙砖的检测依据。砌墙砖的检测应符合现行国家标准中的规定。

2. 砌墙砖的尺寸偏差检测

（1）检测目的。砌墙砖的尺寸偏差检测为评定砌墙砖的产品质量等级提供依据。

（2）仪器设备。检验砖用的卡尺分度值为 0.5 mm。

（3）检测步骤。按照规定，长度和宽度应在砖的两个大面中间处分别测量两个尺寸，高度应在两个条面中间处分别测量两个尺寸。其中每一尺寸测量不足 0.5 mm 的按 0.5 mm 计，每一方向尺寸以两个测量值的算术平均值表示，精确至 1 mm，当被测处缺损或凸凹时，可在其旁边测量，但应选择不利的一侧进行测量。

（4）结果处理。样本平均偏差是 20 块试样同一方向测量尺寸的算术平均值减去其公称尺寸的差值，样本极差是 20 块试样同一方向测量尺寸的最大值与最小值之差。

3. 砌墙砖的外观质量检测

（1）检测目的。砌墙砖的外观质量检测是评定砌墙砖的产品质量等级的依据。

（2）仪器设备。检验砖用的卡尺分度值为 0.5 mm。钢直尺分度值为 1 mm。

（3）检测方法。

①缺损检测。缺棱掉角在砖上造成的破损程度，以破损部分对长、宽、高三个棱边的投影尺寸来度量，称为破坏尺寸。缺损所造成的破坏面是指缺损部

分对条面和顶面（空心砖为条面和大面）的投影面积。空心砖内壁残缺及肋残缺尺寸以长度方向的投影尺寸度量。

②裂纹检测。裂纹分为长度、宽度和水平方向三种，以被测方向的投影长度表示。如果裂纹从一个面延伸至其他面上，则累计其延伸的投影长度。多孔砖的孔洞与裂纹相通时，则将孔洞包括在裂纹内一并测量。裂纹长度以在三个方向上分别测得的最长裂纹为测量结果。

③弯曲检测。砖的弯曲分别在大面和条面上进行测量，测量时将砖用卡尺的两只脚沿棱边两端放置，择其弯曲最大处将垂直尺推至砖面。但不应将杂质或碰伤造成的凹处计算在内。弯曲中测得的较大值为测量结果。

④杂质凸出高度检测。杂质在砖面上造成的凸出高度以杂质距砖面的最大距离表示。测量时将砖用卡尺的两只脚置于凸出两边的砖平面上，以垂直尺测量。

（4）结果处理。外观测量结果以毫米为单位，不足 1 mm 者按 1 mm 计。

（5）结果评定。外观质量采用二次抽样方案，根据国家标准规定的外观质量指标，检查出其中不合格品数为 d_1，按下列规则判定：$d_1 \leqslant 7$ 时，外观质量合格；$d_1 \geqslant 11$ 时，外观质量不合格；$7<d_1<11$ 时，需再从该产品批抽样 50 块检验，检查出不合格品数 d_2，按下列规则判定：$d_1+d_2 \leqslant 18$，外观质量合格；$d_1+d_2 \geqslant 19$ 时，外观质量不合格。

4. 砌墙砖的抗压强度检测

（1）检测目的。砌墙砖的抗压强度检测是评定砌墙砖的产品质量等级的主要依据。

（2）仪器设备。压力机：示值相对误差不超出 ±1%，预期最大破坏荷载应为量程的 20%~80%，其下加压板应为球铰支座。抗压试件制备平台：试件制备平台必须平整水平，可用金属或其他材料制作。常用仪器设备还包括锯砖机或砌砖器、直尺、镘刀等。

（3）检测方法。烧结多孔砖和蒸压灰砂砖的抗压强度试样数量为 5 块，烧结普通砖及其他砖为 10 块（空心砖和条面抗压强度试样各 5 块）。非烧结砖也可用抗折强度试验后的试样作为抗压强度试样。检测分为试件制备、试件养护和抗压检验等步骤。

①试件制备。对于烧结普通砖应采用一次成型制样。一次成型制样适用于采用样品中间部位切割，交错叠加灌浆制成强度试验试样的方式。

将试样锯成两个半截砖，两个半截砖用于叠合部分的长度不得小于 100 mm，如果不足 100 mm，应另取备用试样补足。

将已切割开的半截砖放入室温的净水中浸 20~30 min 后取出，在铁丝网架上滴水 20~30 min，以断口相反方向装入制样模具中。用标准钢条控制两个半砖间距不应大于 5 mm，砖大面与模具间距不应大于 3 mm，砖断面、顶面与模具间垫以橡胶垫或其他密封材料，模具内表面涂油或脱模剂。将净浆材料按照配置要求，置于搅拌机中搅拌均匀。

将装好式样的模具置于振动台上，加入适量搅拌均匀的净浆材料，振动时间为 0.5~1.0 min，停止振动，静置至净浆材料达到初凝时间（约 15~19 min）后拆模。

多孔砖以单块整砖沿竖孔方向加压，空心砖以单块整砖沿大面和条面方向分别加压。成型应采用二次成型制样。二次成型制样适用于采用整块样品上下表面灌浆制成强度试验试样的方式。

将整块试样放入室温的净水中浸 20~30 min 后取出，在铁丝刚架上滴水 20~30 min。按照净浆材料配置要求，将净浆置于搅拌机中搅拌均匀。模具内表面涂油或脱模剂，加入适量搅拌均匀的净浆材料，将整块试样一个承压面与净浆接触，装入制样模具中，承压面找平层厚度不应大于 3 mm。接通振动电源，振动 0.5~1.0 min，停止振动，静置至净浆材料初凝（15~19 min）后拆模。按同样方法完成整块试样另一承压面的找平。

对于非烧结砖应将同一块试样的两半截砖断口相反叠放，叠放部分的长度不得小于 100 mm，即成为抗压强度试件；若不足 100 mm，则应剔除，另取备用试样补足。

②试件养护。一次成型制样、二次成型制样在不低于 10 ℃的不通风室温内养护 4 h，非成型制样不需养护，试样气干状态直接进行试验。

③抗压检验。测量每个试件连接面或受压面的长度、宽度尺寸各两个，分别取其平均值，精确至 1 mm，将试件平放在加压板的中央，垂直于受压面加荷，加荷应均匀平稳，不得发生冲击或振动。加荷速度以 2~6 kN/s 为宜，直至试件破坏，记录最大破坏荷载 P（N）。

（4）结果处理。每块试样的抗压强度可按下式计算，精确至 0.01 MPa：

$$f_c=P/Lb$$

式中：f_c——砌墙砖的抗压强度，MPa；

P——最大破坏荷载，N；

L——受压面（连接面）的长度，mm；

b——受压面（连接面）的宽度，mm。

检验结果以试样抗压强度的算术平均值或单块最小值表示，精确至 0.1 MPa。强度检验结果符合国家标准的规定，判为强度合格，并定为相应等级；否则判为不合格。

5. 砌墙砖的抗折强度检测

（1）检测目的。砌墙砖的抗折强度检测是评定砌墙砖的产品质量等级的主要依据。

（2）仪器设备。砖瓦抗压试验机或万能试验机：试验机的示值相对误差不超出 ±1%，预期最大破坏荷载应为量程的 20%~80%；抗折试验的加荷形式为三点加荷，其上压辊和下压辊的曲率半径为 15 mm，下支应有一个为铰接固定。

（3）检测方法。抗折强度检测用烧结砖和蒸压灰砂砖试样，数量均为 5 块，其他砖则为 10 块。

在砖的两个大面的中间处测量宽度 b（测量两次取其平均值，精确至 1 mm）；在砖的两个条面的中间处用同样的方法测出砖的高度 h（mm）。

调整抗折夹具下支辊的跨距为砖规格长度减去 40 mm。对于规格长度为 190 mm 的砖，其跨距 l 为 160 mm。

将试样大面平放在下支辊上，试样两端与下支辊的距离应相同，当试样有裂缝或凹陷时，应使有裂缝或凹陷的大面朝下，以 50~150 N/s 的速度均匀加荷，直至试样断裂，记录下最大破坏荷载 P（N）。

（4）结果处理。每块试样的抗折强度可按下式计算，精确至 0.01 MPa：

$$f_{tm}=3PL/2bh^2$$

式中：f_{tm} 为砌墙砖的抗折强度，MPa；

P——最大破坏荷载，N；

L——两支点间的跨距，mm；

b——试样的宽度，mm；

h——试样的高度，mm。

检验结果以试样抗折强度的算术平均值或单块最小值表示，精确至 0.1 MPa。

九、轻集料混凝土小型空心砌块

根据现行国家标准的规定，轻集料混凝土小型空心砌块是指用轻集料混凝土制成的小型空心砌块，代号为 LB。轻集料混凝土是以粉煤灰陶粒、黏土陶粒、页岩陶粒、膨胀珍珠岩等各种轻骨料配以水泥、砂配制而成的。

1. 轻集料混凝土小型空心砌块的分类

轻集料混凝土小型空心砌块按砌块孔的排列数不同，可分为单排孔、双排孔、三排孔和四排孔四类；按砌块密度等级不同，可分为 700、800、900、

1 000、1 100、1 200、1 300 和 1 400 八级（除自燃煤矸石掺量不小于砌块质量的 35% 的砌块外，其他砌块的最大密度等级为 1 200）；按砌块强度等级不同，可分为 MU2.5、MU3.5、MU5.0、MU7.5 和 MU10.0 五级。

2. 轻集料混凝土小型空心砌块原材料要求

（1）水泥。配制轻集料混凝土小型空心砌块的水泥，其技术性能应符合现行国家标准的规定。

（2）轻集料。配制轻集料混凝土小型空心砌块的轻集料，应符合现行规定。

（3）细骨料。配制轻集料混凝土小型空心砌块的细骨料，应符合现行国家标准的规定。

（4）外加剂。配制轻集料混凝土小型空心砌块的外加剂，应符合现行国家标准的规定。

（5）拌和水。配制轻集料混凝土小型空心砌块的拌和水，应符合现行的行业标准的规定。

（6）其他原材料。配制轻集料混凝土小型空心砌块的其他原材料，应符合相关标准的规定，并不应对砌块的耐久性、环境和人体产生有害影响。

第二节　新型土木工程材料

随着科学技术的发展，出现了节能、高效、环保等特点的新型土木工程材料，这些新材料呈现种类繁多、性质各异、用途不同的特性。新型土木工程材料蕴含先进科技创新的比重越来越大，作为建筑业的从业人员，应该了解和学会使用这些新型材料，从而使这些新型材料造福人类，确保建筑行业是更上一层楼。

一、高性能混凝土（HPC）

HPC 要求具有高耐久性和高强度、优良的工作性，首先体现在较高的早期强度、高验收强度、高弹性模量；其次是高耐久性，可保护钢筋不被锈蚀，在其他恶劣条件下使用，同样可保持混凝土坚固耐久；最后是高和易性、可泵性、易修整性。可配制大坍落度的流态混凝土，而不发生离析，可降低泵送压力，修整容易。冬天浇筑时，混凝土凝结时间正常，强度增长快于普通混凝土，低温环境下不冰冻，高温环境下浇筑混凝土保持正常的坍落度，并可控制水化热。

（1）低强混凝土。

低强混凝土可用于基础、桩基的填、垫、隔离及作为路基或填充孔洞之用，也可用于地下构造。在一些特定情况下，可用低强混凝土调整混凝土的相对密度、工作度、抗压强度、弹性模量等性能指标，而且不易产生收缩裂缝。

（2）轻质混凝土。

利用天然轻骨料（如浮石、凝灰岩等）、工业废料轻骨料（如炉渣、粉煤灰陶粒、自燃煤矸石等）、人造轻骨料（页岩陶粒、黏土陶粒、膨胀珍珠岩等）制成的轻质混凝土具有密度较小、相对强度高以及保温、抗冻性能好等优点。利用工业废渣，如废弃锅炉煤渣、煤矿的煤矸石、火力发电站的粉煤灰等制备轻质混凝土，可降低混凝土的生产成本，并变废为宝，减少城市或厂区的污染，减少堆积废料占用的土地，对环境保护也是有利的。

（3）自密实混凝土。

自密实混凝土不需机械振捣，而是依靠自重使混凝土密实。该种混凝土的流动度虽然高，但仍可以防止离析。配制这种混凝土的方法有：粗骨料的体积为固体混凝土体积的 50%；细骨料的体积为砂浆体积的 40%；水灰比为 0.9~1.0。进行流动性试验，确定超塑化剂用量及最终的水灰比，使材料获得最优的组成。

这种混凝土的优点有：现场施工无振动噪声，可进行夜间施工，不扰民；对工人健康无害；混凝土质量均匀、耐久；钢筋布置较密或构件形状复杂时也易于浇筑；施工速度快，现场劳动量小。

二、高掺量粉煤灰混凝土

随着人们对粉煤灰的颗粒形态效应、火山灰活性效应和微集料效应等内在潜能的认识日渐深入，以及混凝土外加剂技术的迅速发展，粉煤灰成为继外加剂之后混凝土的又一必需组分的观点正在被越来越多的人接受，粉煤灰的掺量也有不断增大的趋势。

大量使用粉煤灰的重要意义并不仅在于节约有限的工程材料费，还在于它的环境效益与社会效益。水泥是一种高能耗与高环境污染的产品，尽可能地少用水泥，尽可能地多用各种工业废渣，是使混凝土成为一种人类可持续发展材料的必然趋势。在环保要求特别严格的西方工业国家，尤其重视各种工业废料的二次开发与充分利用。随着我国经济的快速发展与人民生活水平的迅速提高，环境与社会效益将日益受到重视，工业废渣的充分开发利用将成为必然的选择。

三、新型节能墙体材料

1. 新型砌体材料

采用砌筑结构的墙体，通常依靠选用导热系数小、保温隔热性能好的砌体材料，以此来达到墙体传热量小的目的。

新型砌体材料主要有空心钻土砖、加气混凝土砌块、普通混凝土以及粉煤灰、煤研石、浮石等混凝土空心小砌块等砌体材料，采用保温砂浆作为砌体胶凝材料。发展应用由保温绝热材料与传统的墙体材料（例如实心黏土砖、混凝土等）或新型墙体材料（例如空心砖、空心砌块等）复合而成的节能墙体。常用的绝热材料有矿物棉、玻璃棉、泡沫塑料、膨胀珍珠岩、加气混凝土等材料，与之复合的有黏土实心砖、混凝土类空心砖、空心砌块等砌体材料。复合墙体有一层导热系数很小的绝热保温材料，墙体的保温隔热性能比单一材料砌筑的墙体更加优秀，节能效果更加显著。但是，绝热材料价格较高，同时需要与之相配套的建筑主体结构形式，最好采用框架结构、墙体不承重的结构形式。

2. 新型节能复合墙板

新型节能复合墙板是由高效绝热保温材料、外墙板、内墙板复合而成，按照标准尺寸或模数在工厂实现工业化生产，包括门、窗等构件均可和墙板一体化制造，运送到施工现场安装在结构框架上，即形成房屋建筑的外围护结构，这是发达国家采取的主要建筑形式。用于这种建筑物的复合墙板不承受外力，厚度一般在 100~150 mm，质量轻，保温性能好，尺寸精确，施工效率高。

四、FRP 复合材料

土木结构主要受两大问题困扰，过早退化和结构功能不足。纤维增强聚合物（FRP）已经成为解决这些结构问题的一种可行途径。工程实践表明，FRP 复合材料能适应现代工程结构向大跨、高耸、重载、高强和轻质发展及承受恶劣条件的需要，符合现代施工技术的工业化要求，因而被越来越广泛地应用于桥梁、各类民用建筑、海洋和近海、地下工程等结构。应用的方式有两种：一是替换钢筋或钢管直接应用于新建结构中；二是用于旧有结构的维修加固，以取得良好的建筑效果。

五、智能材料

大型土木工程结构和基础设施，在其使用过程中，由于环境载荷作用、疲劳效应、腐蚀效应和材料老化等不利因素的影响，结构将不可避免地产生损伤积累、抗力衰减，甚至导致突发事故。为了有效地避免突发事故的发生，就必须加强对此类结构和设施的健康监测。一种被称为碳纤维机敏混凝土材料的智能材料，在大型土木工程健康监测中已得到应用。它是以短切或连续的碳纤维为填充相，以水泥浆、砂浆或混凝土为基体复合而成的纤维增强水泥基复合材料。此类材料的电阻率与其应变和损伤状况具有一定的对应关系，因此，可以通过测试其电阻率的变化来监测碳纤维混凝土的应变和损伤状况。碳纤维混凝土还具有施工工艺简单、力学性能优良、与混凝土结构相容性好等特性，因此，它不仅可以用于道路的交通车辆流和载重监控，而且可较好地满足大型土木工程结构和基础设施的健康监测技术的要求。此外，碳纤维混凝土的电热效应和电磁屏蔽特性在混凝土结构的温度自适应以及抗电磁干扰方面也具有重要的应用价值。

六、纳米材料

纳米材料由于其超微的粒径而具有常规物体所不具有的超高强、超塑性和一些特殊的电学性能。纳米材料被应用于很多领域并取得了显著的增强、增韧及智能化等效果。纳米材料还赋予混凝土智能特性，水泥基纳米复合材料其电阻率随应变而线性变化，并且具有很高的灵敏度和重复性。水泥基纳米复合材料作为一种本征智能材料强度高，传感性好，具有广阔的发展前景。

第三节 塑料管

塑料管件管材由于其在价格与性能方面独特的优势而被广泛运用于建设工程项目中，是一种较为常见的建筑材料。如何确保工程项目中塑料管件管材的质量成为社会各界所要思考的关键问题。现阶段我国大部分工程项目都在正式开工前对塑料管件管材进行质量检测，鉴于此，本书在对比分析现阶段我国工程项目建设施工中常用塑料管件管材的性质及其优缺点的基础上，探究了塑料管件管材检测的目的及特点，最后详细研究了现阶段我国塑料管件管材的主要检测项目，希望能对相关人员的日常工作提供一定的借鉴与参考，更好地推动塑料管件管材的应用与我国工程项目建设行业的可持续发展。

一、常见的塑料管件管材

现阶段，我国工程项目建设施工中的常用塑料管件管材有硬聚氯乙烯管（PVC-U 管）、无规共聚聚丙烯管（PP-R 管）、嵌段共聚聚丙烯管（PP-B 管）、聚乙烯管（PE 管）、氯化聚氯乙烯管（PVC-C 管）等，现就上述塑料管件管材的性能、优点、缺点进行详细的探讨。

1. 硬聚氯乙烯管

硬聚氯乙烯管是一种在工程项目中应用较为广泛的、使用频率较高的塑料管件管材，它的化学性质较为稳定，耐腐蚀性较强，经久耐用，使用寿命可达 50 年。且相较于其他建筑材料，这种建筑材料的质量较轻、价格较低。但硬聚氯乙烯管也存在一定的不足之处，其耐热性与强度较低，不抗撞击。现阶段硬聚氯乙烯管主要应用于建筑工程排水项目、电器线路、低温低压等方面的水管设施建造中。

2. 无规共聚聚丙烯管

无规共聚聚丙烯管是家装工程中应用最多的供水管道，其主要优势为无毒环保，价格较低，使用寿命较长（按相关国家标准的规定，其使用寿命可达 50 年之久）。其主要缺点为耐高温性较差，受热易膨胀，若其在超过 70 ℃的环境下进行施工就可能会使管道出现变形；耐寒性较差，若在存储过程中保暖不当就很可能会出现裂缝；硬度与耐压性较差，在建设施工过程中施工人员必须要轻拿轻放，否则就会出现因主观失误而导致无规共聚聚丙烯管出现破裂；其管道的每段长度有限，且不能进行弯曲施工，若铺设的管道较长或转角较多就要使用到大量接头，这会在一定程度上增加项目工程的建造成本，虽然无规共聚聚丙烯管较为便宜，但其配件价格较高。综上所述，无规共聚聚丙烯管的性价比较高，主要应用于农业灌溉、家装水管改造等工程项目中。

3. 嵌段共聚聚丙烯管

嵌段共聚聚丙烯管是一种广泛运用于采暖管道、自来水管道项目工程中的建筑材料，其化学性质较为稳定，对人体无毒无害，使用寿命较长（通常情况下可使用 50 年），因此被广泛运用于建筑工程行业。但由于嵌段共聚聚丙烯管还存在着耐热性能较差、阻燃性较差、造价昂贵、硬度较差等缺点，若在其中施以强力，就会使其产生破损或出现白化现象，严重降低该产品的使用寿命与使用期限。

4. 聚乙烯管

聚乙烯管是一种对类型的塑料管管件，其主要优势为耐腐蚀性优良、无毒无害、经济实惠，还能有效抑制细菌的滋生，其缺点为配套性较差、管质柔软等。鉴于此，聚乙烯管经常被用于腐蚀性材料与可燃气体的运输管道建设施工中。

5. 氯化聚氯乙烯管

氯化聚氯乙烯管的主要优点为材质轻便、耐热性能较好（使用温度可达 90 ℃）、使用寿命较长（一般来讲其可使用 50 年）、对水的阻力较小等。其主要缺点为造价较高，且其原材料——聚乙烯树脂具有一定的毒性，会危害人的生命健康安全，因此，氯化聚氯乙烯管不能被用于供水系统中，而是通常被运用于工厂污水废水的排放系统中。

二、塑料管件管材检测的概述

1. 塑料管件管材检测的目的

按照相关国家标准对工程项目中常见的塑料管件管材进行检测，其主要目的如下。第一，准确掌握塑料管件管材在出厂后的结构性能，充分了解生产厂商的技术强度与生产能力，进而帮助建设施工单位选取性价比较高的塑料管件管材。第二，通过对塑料管件管材进行检测能有效反映其工业质量，判断其能否满足具体工程项目对塑料管件管材的性能要求。第三，通过检测塑料管件管材，不仅使塑料管件管材的制作厂商能根据检测报告指导自身后续的生产加工工作，还能有效帮助项目工程的建设施工单位购置塑料建筑材料，为后续的建设施工工作奠定坚实的基础。

2. 塑料管件管材检测的特点

塑料产品的性能检测具有明显的表现特点。第一，温度效应。在检测塑料管件管材时所用的检测温度要适当，既不能过高也不能过低，过高或过低的温度都可以让塑料产品表现出不适应，或提升脆性，或直接变形。第二，时间效应。部分塑料管件管材对短时间的高低温影响或者单次冲击并没有较为明显的反应，但经过长时间的测试，其物理性能和化学性能都会大打折扣。第三，形变速度。塑料管件管材在形变速度和形变效果方面的影响较为明显，塑料的分子结构容易在高温环境和重大压力下迅速出现变形，同时发生撕裂和破损。第四，集中统一较差。塑料性能检测的所得数据容易出现不集中统一的现象。塑料制品是原料在经过高温和高强力作用下产生的，可能存在不同的分子结构不同，因而在受到外界因素影响下，所表现的性能参数也不会表现出足够一致的整体性。

三、塑料管件管材的检测项目

由于不同塑料管件管材的检测项目都是不同的，且塑料管件管材的种类较多，受篇幅的影响，现主要以硬聚氯乙烯管、聚丙烯管为例，对塑料管件管材的检测进行详细的研究。

1. 硬聚氯乙烯管的检测

第一，微卡软化温度。微卡软化温度主要用于衡量塑料管件的抗热耐高温性能，通过事先设置特定条件，观察塑料管件管材在高温下的物理变化，分析其力学性能。一般而言，经过微卡软化测定的温度值越大，受检对象在高温环境下的稳定性越强，在尺寸和外观等方面的变化越小。相反，若温度值越小，则表明塑料管件管材在受高温后极易发生变形。第二，拉伸强度。通过开展专业的拉伸强度检测能有效确保硬聚氯乙烯管在排水过程中承受足够大的压力，一旦发现受检的管材无法保持拉伸强度达到或超过 40 MPa，则此管材将被视为极其脆弱，无法正常使用。通常拉伸强度的测试曲线会在管材强度较大时表现出相当高的延展率，当受检测的塑料管材无法达到拉伸强度标准后，其脆弱程度增加，在使用过程中容易发生破损和撕裂。第三，耐冲击性能。耐冲击性能的检测也是检验管材强度的一个重要指标，主要观察塑料管材在受到真实状态的冲击后的具体表现，一般会将冲击强度调整到相关国家标准的规定范围之内。在零度环境下，使用落锤重击的方式进行试验，如果此强度的冲击对产品没有造成损伤，则受检的产品是合格的。

2. 聚丙烯管的检测

生活中常见的聚丙烯管材最多使用在各种冷热水管的制作。聚丙烯管材主要包括无规共聚聚丙烯管、嵌段共聚聚丙烯管等。聚丙烯管的检测必须根据相关的国家标准规定来执行。具体的试验过程中确保受检环境的温度保持在 20 ℃，对塑料管材持续施加 16 MPa 的压力，并持续 1 h。在此期间观察管材的管壁是否出现裂缝，若管材管壁存在裂痕，则说明产品质量不合格。

四、小结

在建筑工程建设施工中应用塑料管件管材具有十分重要的意义，它具有易于对接、内壁平滑、流体受阻小、抗腐蚀、质地轻便、易于存放等特点，但由于其具备的不耐高温、强度较差等特性又要求其必须接受相关必要的检验检测，一旦在检测过程中发现质量不达标的建筑材料，就必须阻止其流入市场，对其进行回收或报废处理，有效保证和提升建筑工程的建设施工质量，推动我国建筑工程行业的发展和进步。

第四节　高分子防水材料

随着社会经济的发展，我国的建筑行业有了很大的进展，在建筑工程中，人们开始重视建筑防水问题。于是市场上出现了丰富的防水材料，防水施工质量的核心就是防水材料，因此本书分析了建筑防水材料的应用和施工技术，主要为了提升建筑防水工程的质量。

作为建筑工程中的一项重要组成部分，建筑防水工程涌现出了各种各样的新材料和新技术,这些新材料和新技术给建筑防水工程的发展带来了新的活力。桥梁作为钢筋混凝土桥梁一种，在实际使用过程中，常会受一些客观因素的影响而使桥梁使用寿命缩短。这种问题的出现与水是有一定关系的，为了更好地避免这一问题，在桥梁施工中就应该做好桥面防水处理，提高桥梁上部结构的耐久性，使其寿命得以延长。现如今随着物质生活水平的不断提升，人们对居住环境的要求也日渐提高，如此便对建筑防水工程质量提出了更高要求。而若想保证建筑防水工程质量，就必须选用适宜及质量过关的材料，以及采用先进科学的施工技术。

一、新型建筑材料概述

新型建筑材料是在传统的砂石、砖瓦和灰膏等建筑材料的基础上发展起来的建筑材料的新品种，其与传统的建筑材料的性质有着很大的不同，但是所用的原材料基本相同，只是在建筑材料的品质、质量、性能、功能等方面与传统的建筑材料相比有了很大的提高。

正是由于新型建筑材料与传统建筑材料有着上述区别，所以在采用新型建筑材料进行建筑工程施工的过程中，不仅可以显著提高建筑工程的施工质量和安全，而且可以采用相对较为简单的施工方法和方式，所以可以缩短施工工期，降低施工成本。目前所用新型建筑材料的形式有很多种，其中一种类型的新型建筑材料的发展思路是利用工业生产中产生的煤灰及建筑施工中所剩余的废石等废弃材料进行建筑材料的加工再利用，这样就可以实现对资源的有效节约和利用，并减少这些废弃物质对环境所造成的污染和破坏。此外，还有一种新型建筑材料的发展思路就是改变传统建筑材料的形状和颜色等，这样就可以将其应用于不同的建筑工程和场合，并且能够满足人们目前越来越高的建筑外观审美要求和建筑功能要求等。所以说，新型建筑材料与传统建筑材料最大的不同，就是新型建筑材料不仅在强度、质量以及性能方面具有明显的优势，而且具有较轻的质量以及较好的装饰效果，并起到节能、环保等作用，符合我国对于建筑行业节能减排的要求，并能推动我国建筑行业的可持续健康发展。

二、建筑防水工程中的几种常用材料

1. 高分子合成材料

高分子合成材料中比较有代表性的有涂膜防水材料，它是一种高分子合成的防水材料，其主要材料是以树脂与橡胶按一定比例合成膜物质，再加入其他辅助材料进行配比而形成多组或单组防水材料。其与大多数常规型防水材料相比较为先进。涂膜防水涂料在常温下会变成一种黏稠状液体状的物质，将其涂抹于建筑基层表面时，其材料中的溶剂、水分会随着时间而挥发，并且还会发生新的化学反应，最终在建筑基层表面形成一层坚固的防水膜，以此来防潮、防水。其优点在于施工操作简单、完整性较高、容易修补、自重较轻不会给建筑带来额外的负担、使用寿命长于其他类型的防水材料，可有效提高建筑的防水性能。

2. 卷材防水材料

卷材防水材料一般指的是沥青防水卷材，其在现代建筑防水工程中有着十分普遍的应用。总体来说，沥青防水卷材在我国建筑防水工程中已经拥有了较长时间的应用历史了，其优势在于实用性强和价格低廉，能够满足普通开发商和业主的需要。虽然随着科技的发展出现了越来越多的新型防水材料，但沥青防水卷材仍旧占有着重要位置。但沥青防水卷材在应用过程中，需注意要先适当清除水位相对较高的地下水，并且在铺贴过程中要保持卷材清洁干净，避免出现脱皮或破裂等现象。

3. 刚性防水材料

刚性防水材料多指防水混凝土，防水混凝土不但具有结构层的防水功效，而且还具有防水层的防水功效，其防水作用的产生主要是依据其自身结构的构建，如墙体、板、梁等，且混凝土自身本就具有密实性，再加上建造过程中一些防水措施的构造，如止水环、坡度防水等措施，进而实现防水的目的。此种材料在施工中应具有两项作业条件，一是版模、钢筋的预检、隐检、验收工作，二是预检、隐检中穿墙螺栓、防水结构中预埋件、施工缝、设备管道的防水处理，对此相关施工人员应根据实际情况制定符合需求的方案进行施工。

三、新型建筑材料的发展

1. 高铁专用高强度聚氨酯防水涂料

高铁专用高强度聚氨酯防水涂料属于双组分化学反应型防水材料，A 组分是带有由聚醚和异氰酸酯缩聚得到的异氰酸酯封端的预聚物，B 组分是由增强剂、增塑剂、液体填料、固化剂、催化剂等含有—OH 和—NH_2 基团的棕色稠状液。使用时，将 A 组分和 B 组分按一定比例均匀混合后，涂抹在混凝土防水基面上，经数小时后，固结成既富有弹性、坚韧，又有耐久性的整体涂膜防水层。其特点是，产品属于双组分化学反应固化型防水材料，属于环保型产品。产品固化后形成无接缝、完整的弹性防水层，提高了建筑工程的防水抗渗能力；涂膜层具有橡胶的特性，延伸性大，富有弹性，耐热老化、水密性高；施工简单，冷作业施工，气味小、无毒害、常温固化；适用范围广，可用于多种工程，特别是形状复杂的异形部位施工；具有维修容易、耐老化、防腐蚀及耐候性优异等特点。聚脲作为一种新型防水材料，由于其优良耐久性、耐老化、耐低温性以及良好的力学性能，随着聚脲材料及施工技术的发展，将广泛应用于高铁、地铁、混凝土防护、铁路机车客车货车防腐，也由于聚脲防水涂料在高铁上的成功应用，聚脲将会更多地用于水利水电、化工防腐、汽车等领域。

2. 开发环保型防水涂料

国内防水涂料大部分是溶剂型产品，溶剂型产品含有大量的有害物质，在生产和使用过程中会释放一种危害人体健康的 VOC（挥发性有机化合物）。生产、施工人员在长期吸入 VOC 后，会产生恶心、呕吐、头晕等不适症状，严重的还会出现昏迷、抽搐等后果。由于溶剂型产品 VOC 危害人体健康，对生态环境破坏严重，如何有效降低 VOC 排放量成了世界各国共同关心的问题。

3. 新型防水密封材料

在建筑工程施工中，防水密封材料也是比较重要的功能性材料之一，在众多的工程领域中具有广泛的应用，而且不同的领域对防水材料的质量和性能要求也会有所不同，建筑行业对防水材料的基本要求就是要具有多品种和高质量的特点。这是由于在建筑工程施工中，防水材料主要应用于民用建筑中的厨房和卫生间等用水较多的工程施工中，在众多工业建筑中的给排水管道接口密封工程中需要大量的防水密封材料。这些防水密封材料在建筑工程施工中起到防止渗水、漏水等重要作用，对保障人们的正常生活以及用水安全等具有重要的作用。正是由于防水材料的重要性及传统的防水材料在建筑工程使用所存在的问题等原因，我国也加强了对防水密封材料的研究和开发。

综上所述，在我国社会快速发展的过程中，人们对于建筑工程质量和节能环保提出了新的要求，建筑工程施工中建筑材料的加工制造及使用具有较高的节能环保潜力，所以需要在节能减排策略的指导下，大力开发和应用新型墙体材料、新型装饰材料、新型防水密封材料及新型保温隔热材料等，在确保新型建筑工程具有较高的抗震、隔音、防火、采光、保温、防水等性能的基础上，提高建筑工程整体的节能环保性能，促进建筑行业的可持续健康发展。

第四章　工程水泥材料和木材分析

水泥与木材是现代建筑中必备的原材料，在建筑以及各类工程中必不可少。本章主要对水泥和木材两种材料的检测技术进行详细的讲解。

第一节　水泥材料

水泥是一种粉状矿物胶凝材料，它与水混合后形成浆体，经过一系列物理化学变化，由可塑性浆体变成坚硬的石状体，并能将散粒材料胶结成整体。水泥浆体不仅能在空气中凝结硬化，更能在水中凝结硬化，是一种水硬性胶凝材料。

水泥的种类繁多，目前生产和使用的水泥品种已达 200 种。按其主要水硬性物质的不同，水泥可分为硅酸盐系水泥、铝酸盐系水泥、硫铝酸盐系水泥、氟铝酸盐水泥、铁铝酸盐水泥等系列，其中以硅酸盐系列水泥生产量最大，应用最为广泛。

水泥按特性与用途不同，可分为通用水泥（硅酸盐水泥、普通硅酸盐水泥、矿渣硅酸盐水泥、火山灰质硅酸盐水泥、粉煤灰硅酸盐水泥、复合硅酸盐水泥六大常用水泥）、专用水泥（砌筑水泥、油井水泥、道路水泥等）、特性水泥（快硬硅酸盐水泥、白色硅酸盐水泥、硅酸盐膨胀水泥、快凝快硬硅酸盐水泥、低热及中热矿渣硅酸盐水泥、抗硫酸盐硅酸盐水泥等）。

一、通用水泥

通用水泥是指土木建筑工程中一般用途的水泥，其应用范围很广。

（一）硅酸盐水泥的生产及熟料的矿物组成

1. 硅酸盐水泥的定义

由硅酸盐水泥熟料、0~5% 石灰石或粒化高炉矿渣、适量石膏磨细制成的水硬性胶凝材料，称为硅酸盐水泥（国外通称硅酸盐水泥）。硅酸盐水泥分两类：不掺加混合材料的称Ⅰ型硅酸盐水泥，代号 P·Ⅰ；在水泥粉磨时掺入不超过水泥质量 5% 的石灰石或粒化高炉矿渣的称Ⅱ型硅酸盐水泥，代号 P·Ⅱ。

2. 硅酸盐水泥的原料及生产工艺

生产硅酸盐水泥的原料主要是石灰石、黏土和铁矿石粉，煅烧一般用煤做燃料。石灰石主要提供 CaO，黏土主要提供 SiO_2、Al_2O_3 和 Fe_2O_3，铁矿石粉主要是补充 Fe_2O_3 的不足。

硅酸盐水泥的生产有三大主要环节，即生料制备、熟料烧成和水泥制成，其生产过程常被形象地概括为“两磨一烧”。生料煅烧成熟料是水泥生产的关键环节，因此，水泥的生产工艺也常以煅烧窑的类型来划分。生料在煅烧过程中要经过干燥、预热、分解、烧成和冷却五个环节，通过一系列物理化学变化，生成水泥矿物。为使生料能充分反应，窑内烧成温度要达到 1450 ℃。

目前，我国水泥熟料的煅烧主要有以悬浮预热和窑外分解技术为核心的新型干法生产工艺、回转窑生产工艺和立窑生产工艺等几种。由于新型干法生产工艺具有规模大、质量好、消耗低、效率高的特点，已经成为发展方向和主流。

硅酸盐水泥生产中需加入适量石膏和混合材料。加入石膏的作用是延缓水泥的凝结时间；加入混合材料则是为了改善其品种和性能，扩大其使用范围。

3. 硅酸盐水泥熟料的组成

由水泥原料经配比后煅烧得到的块状料即为水泥熟料，是水泥的主要组成部分。硅酸盐水泥熟料的主要矿物成分是硅酸三钙（$3CaO \cdot SiO_2$），简称为 C_3S，占 37%~60%；硅酸二钙（$2CaO \cdot SiO_2$），简称为 C_2S，占 15%~37%；铝酸三钙（$3CaO \cdot Al_2O_3$），简称为 C_3A，占 7%~15%；铁铝酸四钙（$4CaO \cdot Al_2O_3 \cdot Fe_2O_3$），简称为 C_4AF，占 10%~18%。

水泥具有许多优良的建筑技术性能，这些性能取决于水泥熟料的矿物成分及其含量。

各种矿物单独与水作用时，表现出不同的性能。

C_3S 支配水泥的早期强度，而 C_2S 对水泥后期强度影响明显。C_3A 本身强度不高，对硅酸盐水泥的整体强度影响不大，但其凝结硬化快。如果水泥中 C_3A 含量过高，水泥会急凝，导致来不及施工。C_4AF 的强度和硬化速度一般，其主要特性是干缩小,耐磨性强,并有一定的耐化学腐蚀性。在水泥熟料煅烧时，C_4AF 和 C_3A 的形成能降低烧成温度，有利于熟料的煅烧，在硅酸盐水泥中是不可缺少的矿物成分。因此，改变熟料矿物的相对含量，水泥的性质即发生相应的变化。如提高 C_3S 的含量，可制得早强硅酸盐水泥；提高 C_2S 和 C_4AF 的含量，降低 C_3A 和 C_3S 的含量，可制得水化热低的水泥，如大坝水泥；由于 C_3A 能与硫酸盐发生化学作用，产生结晶，体积膨胀，易产生裂缝，因此在抗硫酸盐硅酸盐水泥中，C_3A 含量应小于 5%。

（二）硅酸盐水泥的凝结、硬化

水泥加水拌和后，成为可塑的水泥浆，水泥浆逐渐变稠失去塑性，但尚不具有强度的过程，称为水泥的“凝结”。随后产生明显的强度并逐渐发展而成为坚硬的人造石——水泥石，这一过程称为水泥的“硬化”。水泥凝结过程较短，一般几小时即可完成；硬化过程则是一个长期过程，在一定温度和湿度下，可持续几年。

1. 硅酸盐水泥的凝结、硬化过程

水泥加水后，水化反应首先在水泥颗粒表面进行，水化产物立即溶于水中。然后，水泥颗粒又暴露出一层新的表面，继续与水反应。该过程不断进行，水泥颗粒周围的溶液很快成为水化产物的饱和溶液。

当溶液达到饱和后，水泥继续水化生成的产物就不再溶解，许多细小分散状态的颗粒析出，形成凝胶体。随着水化作用继续进行，新生胶粒不断增多，游离水分不断减少，使凝胶体逐渐变稠，水泥浆逐渐失去塑性，即出现凝结现象。

此后，凝胶体中的氢氧化钙和水化铝酸钙逐渐转变为结晶，并贯穿于凝胶体中，紧密结合起来，形成具有一定强度的水泥石。随着硬化时间（龄期）的延续，水泥颗粒内部未水化部分将继续水化，晶体逐渐增多，凝胶体逐渐密实，水泥石的黏结力和强度亦越来越高。水泥净浆的硬化体，称为水泥石。它是由晶体、胶体、未完全水化的水泥颗粒、游离水分和气孔等组成的不均质结构体。而在硬化过程中的各不同龄期，水泥石中晶体、胶体、未完全水化的颗粒等所占的比率会直接影响水泥石的强度及其他性质。

2. 影响硅酸盐水泥凝结、硬化的主要因素

（1）熟料矿物组成。由于各矿物的组成比例不同、性质不同，对水泥性质的影响也不同。如硅酸钙占熟料的比例最大，它是水泥的主导矿物，其比例决定了水泥的基本性质；C_3A 的水化和凝结硬化速率最快，是影响水泥凝结时间的主要因素，加入石膏可延缓水泥凝结，但石膏掺量不能过多，否则会造成安定性不良；当 C_3S 和 C_3A 含量较高时，水泥凝结硬化快、早期强度高，水化放热量大。熟料矿物对水泥性质的影响是各矿物的综合作用，不是简单叠加，其组成比例是影响水泥性质的根本因素，调整比例结构可以改善水泥性质和产品结构。

（2）水泥细度。水泥的细度并不改变其根本性质，但直接影响水泥的水化速率、凝结硬化、强度、干缩和水化放热等性质。由于水泥的水化是从颗粒表面逐步向内部发展的，颗粒越细小，其表面积越大，与水的接触面积就越大，水化作用就越迅速越充分，凝结硬化速率越快，早期强度越高。但水泥颗粒过细时，在磨细时消耗的能量和成本会显著提高且水泥易与空气中的水分和二氧化碳反应，使之不易久存；另外，过细的水泥达到相同稠度时的用水量增加，硬化时会产生较大的体积收缩，同时水分蒸发产生较多的孔隙，会使水泥石强度下降。因此，水泥的细度要控制在一个合理的范围内。

（3）拌合用水量。通常水泥水化时的理论需水量是水泥质量的23%左右，但为了使水泥浆体具有一定的流动性和可塑性，实际加水量远高于理论需水量，如配制混凝土时的水灰比（水与水泥质量之比）一般为0.4~0.7。不参加水化的“多余”水分，使水泥颗粒间距增大，会延缓水泥浆的凝结时间，并在硬化的水泥石中蒸发形成毛细孔。拌合用水量越多，水泥石中的毛细孔越多，孔隙率就越高，水泥的强度越低，硬化收缩越大，抗渗性、抗侵蚀性能就越差。

（4）养护湿度、温度。硅酸盐水泥是水硬性胶凝材料，水化反应是水泥凝结硬化的前提。因此，水泥加水拌合后，必须保持湿润状态，以保证水化进行和获得强度增长。若水分不足，水化会停止，同时导致较大的早期收缩，甚至使水泥石开裂。提高养护温度，可加速水化反应，提高水泥的早期强度，但后期强度可能会有所下降。原因是在较低温度（20 ℃以下）下，虽水化硬化较慢，但生成的水化产物更加致密，可获得更高的后期强度。当温度低于0 ℃时，由于水结冰而使水泥水化硬化停止，将影响其结构强度。一般水泥石结构的硬化温度不得低于−5 ℃。硅酸盐水泥的水化硬化较快，早期强度高，若采用较高温度养护，反而会因水化产物生长过快，损坏其早期结构，造成强度下降。因此，硅酸盐水泥不宜采用蒸汽养护等湿热方法养护。

（5）养护龄期。水泥的水化硬化是一个长期不断进行的过程。随着养护龄期的延长，水化产物不断积累，水泥石结构趋于致密，强度不断增长。由于熟料矿物中对强度起主导作用的CS早期强度发展快，硅酸盐水泥强度在3~14 d内增长较快，28 d后增长变慢。

（6）储存条件。水泥应该储存在干燥的环境里。如果水泥受潮，其部分颗粒会因水化而结块，从而失去胶结能力，强度严重降低。即使是在良好的干燥条件下，也不宜储存过久。因为水泥会吸收空气中的水分和二氧化碳，发生缓慢水化和碳化现象，使强度下降。通常，储存3个月的水泥，强度下降10%~20%；储存6个月的水泥，强度下降15%~30%；储存1年后，强度下降25%~40%，因此水泥的储存期一般规定不超过3个月。

（三）硅酸盐水泥的技术性质

1. 密度、堆积密度及水泥中各成分含量

硅酸盐水泥的密度、堆积密度及各成分含量规定见表4-1。

表4-1　硅酸盐水泥的密度、堆积密度及各成分含量

技术要求	硅酸盐水泥
密度 /（$kg\cdot m^{-3}$）	3 100~3 200
堆积密度 /（$kg\cdot m^{-3}$）	1 300~1 600
不溶物	Ⅰ型：不溶物≤ 0.75% Ⅱ型：不溶物≤ 1.50%
烧失量	Ⅰ型：烧失量≤ 3.0% Ⅱ型：烧失量≤ 3.5%
氧化镁	水泥中氧化镁含量≤ 5.0%，如果水泥经压蒸法检验安定性合格，则水泥中氧化镁含量≤ 6.0%
三氧化硫	水泥中三氧化硫含量≤ 3.5%
碱含量	水泥中碱含量按（Na_2O+0.658 K_2O）计算值来表示。若使用活性集料，用户要求提供低碱水泥时，水泥中碱含量应≤ 0.60% 或由供需双方商定

2. 细度

细度是指水泥颗粒的粗细程度。水泥颗粒的粗细直接影响水化速度、活性

和强度。国家标准规定，硅酸盐水泥、普通硅酸盐水泥的细度采用比表面积测定仪检验，其比表面积应大于300 m²/kg。矿渣硅酸盐水泥、火山灰硅酸盐水泥、粉煤灰硅酸盐水泥和复合硅酸盐水泥细度用筛析法测定。80 μm方孔筛筛余不大于10%，或45 μm方孔筛筛余不大于30%。

3. 水泥标准稠度需水量

为了测定水泥的凝结时间、体积安定性等性能，为使其具有可比性，必须在一定的稠度下进行，这个规定的稠度，称为标准稠度。水泥净浆达到标准稠度时所需的拌合用水量，称为水泥净浆标准稠度用水量。常用的水泥净浆标准稠度用水量为22%~32%（质量百分数）。水泥标准稠度用水量可采用“标准法”或“代用法”进行测定。

4. 凝结时间

水泥从加水开始到失去流动性，即从可塑状态发展到固体状态所需的时间叫作凝结时间。水泥浆的稀稠对水泥浆体的凝结时间影响很大，因此国家标准规定水泥的凝结时间必须采用标准稠度的水泥净浆，在标准温度、湿度的条件下用水泥凝结时间测定仪测定。水泥凝结时间分初凝时间和终凝时间。初凝时间是从水泥加水拌合起至水泥浆开始失去可塑性所需的时间；从加水拌合起至水泥浆完全失去塑性的时间为水泥的终凝时间。

水泥的凝结时间对施工有重大意义。如凝结过快，混凝土会很快失去流动性，以致无法浇筑，所以初凝不宜过快，以便有足够的时间完成混凝土的搅拌、运输、浇筑和振捣等工序的施工操作；但终凝亦不宜过迟，以便混凝土在浇捣完毕后，尽早完成凝结并开始硬化，具有一定强度，以利下一步施工的进行，并可尽快拆去模板，提高模板周转率。国家标准规定，硅酸盐水泥初凝不早于45 min，终凝不迟于6.5 h。

5. 体积安定性

水泥的体积安定性是指水泥浆体硬化后体积变化的稳定性。不同水泥在凝结、硬化过程中，几乎都产生不同程度的体积变化。水泥在硬化以后如果产生不均匀的体积膨胀，即体积安定性不良，构件就会产生膨胀性裂缝，甚至崩溃，引起严重的工程事故。

熟料中游离的 CaO 和 MgO 含量过多是导致体积安定性不良的主要原因。另外，生产水泥时所掺的石膏过量，也是一个不容忽视的因素。熟料中所含过量的游离氧化钙或游离氧化镁水化很慢，往往在水泥硬化后才开始水化，这些氧化物在水化时体积剧烈膨胀，使水泥石开裂。当石膏掺入过多时，在水泥硬化后，多余的石膏与水化铝酸钙反应生成含水硫铝酸钙（$3CaO \cdot Al_2O_3 \cdot 3CaSO_4 \cdot 31H_2O$），使体积膨胀，也会引起水泥石开裂。国家标准规定，水泥体积安定性用沸煮法检验必须合格。水泥体积安定性检验也可以用试饼法或雷氏法，有争议时以雷氏法为准。

6. 强度及强度等级

水泥的强度是评定其质量的重要指标，是划分强度等级的依据。水泥、标准砂按 1∶3.0，水灰比为 0.5 的比例混合，按标准制作方法制成 40 mm × 40 mm × 160 mm 的标准试件，在标准养护条件下 1 d 温度为（20 ± 1）℃，相对湿度在 90% 以上的空气中带模养护；1 d 以后拆模，放入（20 ± 1）℃的水中养护下，分别测其规定龄期（3 d、28 d）的抗压强度和抗折强度，即为水泥的胶砂强度。

根据 3 d、28 d 抗折强度和抗压强度划分硅酸盐水泥强度等级，并按照 3 d 强度的大小分为普通型和早强型（用 R 表示）。硅酸盐水泥分为 42.5、42.5R、52.5、52.5R、62.5、62.5R 六个强度等级。各强度等级水泥的各龄期强度值不得低于国家标准规定，如有一项指标低于表中数值，则应降低强度等级，直至 4 个数值都满足表中规定为止。

7. 水化热

水泥在水化过程中放出的热量称为水泥的水化热。水化放热量和放热速度不仅取决于水泥的矿物成分，而且与水泥细度、水泥中掺入的混合材料等有关。大体积混凝土建筑物（如大型基础、桥墩）不能选用水化热大的水泥。因为体积大，水化热聚积在内部不易散发，致使内外产生很大的温度差，引起不均匀的内应力，会使混凝土产生裂缝。

8. 碱

水泥中碱含量按（Na_2O+0.658 K_2O）计算值来表示。使用活性集料，要求提供低碱水泥时，水泥中碱含量不得大于0.60%或由供需双方商定。

当混凝土集料中含有活性二氧化硅时，其会与水泥中的碱相互作用形成碱的硅酸盐凝胶，由于后者体积膨胀可引起混凝土开裂，造成结构的破坏，这种现象称为“碱集料反应”，也是影响混凝土耐久性的一个重要因素。

（四）水泥石的腐蚀与防治

1. 水泥石的腐蚀

硅酸盐水泥在硬化后形成的水泥石，在通常使用条件下，有较好的耐久性。但在某些腐蚀性液体或气体介质中，水泥石会逐渐受到腐蚀，其强度降低、耐久性下降，甚至发生破坏，这种现象称为水泥石的腐蚀。引起水泥石腐蚀的原因很多，作用也比较复杂，下面介绍几种典型介质的腐蚀作用。

（1）软水侵蚀（溶出性侵蚀）。雨水、雪水、蒸馏水、工厂冷凝水及含重碳酸盐较少的河水与湖水等都属于软水。当水泥石长期与这些水分相接触时，氢氧化钙逐渐溶于水中，由于氢氧化钙溶解度较小，所以在静水及无水压的情况下，氢氧化钙很容易在周围溶液中达到饱和，使溶解作用中止。但在流水及压力作用下，溶解的氢氧化钙被水冲走，又不断地溶解新的氢氧化钙，但永远达不到饱和状态，特别是当混凝土不够密实或有缝隙时，在压力水作用下，水渗入混凝土内部，更能产生渗流作用，将氢氧化钙溶解并渗滤出来。这个过程连续不断地进行，使水泥石结构受到破坏，强度不断降低，以致最后整个建筑物被毁坏。

（2）盐类腐蚀。在海水、湖水、盐沼水、地下水、某些工业污水及流经高炉矿渣或炉渣的水中，常含有大量钠盐、钾盐、镁盐（主要是硫酸盐），它们与水泥石中的氢氧化钙发生反应，生成硫酸钙，硫酸钙与水泥石中的固态水化铝酸钙作用生成高硫型水化硫铝酸钙。

反应生成的高硫型水化硫铝酸钙含有大量结晶水，相应的体积比原有的水化铝酸钙的体积增大 1.5 倍以上。由于是在已经固化的水泥石中产生上述反应，所以对水泥石有极大的破坏作用。高硫型水化硫铝酸钙呈针状晶体，通常称为“水泥杆菌”。

（3）酸腐蚀。

①碳酸的腐蚀。在工业污水、地下水中常溶解有较多的二氧化碳，这些水对水泥石发生如下反应：

二氧化碳与水泥石中的氢氧化钙作用生成碳酸钙：

$$CO_2 + Ca(OH)_2 \rightarrow CaCO_3 + H_2O$$

生成的碳酸钙再与含碳酸的水作用转变成重碳酸钙（可逆反应）：

$$CaCO_3 + CO_2 + H_2O = Ca(HCO_3)_2$$

生成的重碳酸钙易溶于水，当水中含有较多的碳酸，并超过平衡浓度，则上式反应向右进行，因此水泥石中的氢氧化钙通过转变为易溶的重碳酸钙而溶失。氢氧化钙浓度降低还会导致水泥石中其他水化物的分解，使腐蚀作用进一步加剧。

②一般酸的腐蚀。在工业废水、地下水和沼泽水中常含有无机酸和有机酸；工业窑炉中的烟气常含有二氧化硫，遇水即生成亚硫酸。各种酸类对水泥石都有不同程度的腐蚀作用。它们与水泥石中的氢氧化钙作用后生成的化合物或者

易溶于水，或者在水泥石孔隙内形成结晶，体积膨胀，在水泥石内造成内应力而产生破坏作用。腐蚀作用最强的是无机酸中的盐酸、氢氟酸、硝酸、硫酸和有机酸中的醋酸、蚁酸和乳酸。

（4）强碱腐蚀。强碱（NaOH、KOH）在浓度不大时，对水泥石不产生腐蚀。当浓度较大且水泥中铝酸钙含量较高时，强碱会与水泥发生如下反应：

$$3CaO\cdot Al_2O_3\cdot 6H_2O+2NaOH = Na_2O\cdot Al_2O_3+3Ca(OH)_2+4H_2O$$

生成的铝酸钠极易溶解于水，造成水泥石腐蚀。

当水泥石受到干湿交替作用时，进入水泥石中的 NaOH 会与空气中的 CO_2 作用生成 Na_2CO_3：

$$2NaOH+CO_2 = Na_2CO_3+H_2O$$

生成的碳酸钠在水泥石毛细孔中结晶沉积，而使水泥石胀裂。

除上述几种腐蚀类型外，对水泥石有腐蚀作用的还有一些其他物质，如糖、铵盐、动物脂肪、含环烷酸的石油产品等。

2. 水泥石腐蚀的防治

为了保证混凝土的耐久性，防止过早地被建筑物周围的环境腐蚀而降低强度，一般可采取以下措施：

（1）根据侵蚀环境特点，合理选择水泥品种。例如，当水泥石遭受软水腐蚀时，可使用水化产物中 $Ca(OH)_2$ 含量较少的水泥；当水泥石遭受硫酸盐侵蚀时，可使用 C_3A 含量低于 5% 的抗硫酸盐硅酸盐水泥。在水泥生产中加入适当的活性混合材料，可以降低水化产物中的 $Ca(OH)_2$ 含量，从而提高抗腐蚀能力。

（2）提高水泥石的密实度，降低孔隙率。水泥石的密实度越大、孔隙率越小，则腐蚀性介质难以进入水泥石内部，从而达到防腐效果，提高其抵抗腐蚀的能力。

（3）在水泥石表面设置保护层。当水泥石处在较强的腐蚀介质中时，根据不同的腐蚀介质，可在混凝土或砂浆表面覆盖玻璃、塑料、沥青、耐酸陶瓷和耐酸石料等耐腐蚀性较强且不透水的保护层，隔断腐蚀介质与水泥石的接触，保护水泥石不受腐蚀。

当水泥石处于多种介质同时作用时，应分析清楚对水泥石侵蚀最严重的介质，采取相应措施，提高水泥石的耐腐蚀性。对有特殊要求的抗侵蚀工程，还可采用聚合物混凝土。

二、掺混合材料的通用水泥

（一）可用于水泥的混合材料

在磨制水泥时加入的天然或人工矿物材料称为混合材料。混合材料的加入可以改善水泥的某些性能，提高水泥强度等级，扩大其应用范围，并能降低水泥生产成本；掺加工业废料作为混合材料，能有效减少污染，有利于环境保护和可持续发展。水泥混合材料包括非活性混合材料、活性混合材料和窑灰，其中活性混合材料的应用量最大。为确保工程质量，凡国家标准中没有规定的混合材料品种，严格禁止使用。

1. 非活性混合材料

在常温下，加水拌合后不能与水泥、石灰或石膏发生化学反应的混合材料，称为非活性混合材料，又称填充性混合材料。非活性混合材料加入水泥中的作用是提高水泥产量，降低生产成本，降低强度等级，减少水化热，改善耐腐蚀性与和易性等。这类材料有磨细的石灰石、石英砂、慢冷矿渣、黏土和各种符合要求的工业废渣等。由于非活性混合材料加入会降低水泥强度，其加入量一般较少。

2. 活性混合材料

在常温下，加水拌和后能与水泥、石灰或石膏发生化学反应，生成具有一定水硬性的胶凝产物的混合材料，称为活性混合材料。活性混合材料的加入可起同非活性混合材料相同的作用。因活性混合材料的掺加量较大，改善水泥性质的作用更加显著，而且当其活性激发后可使水泥后期强度大大提高，甚至赶上同等级的硅酸盐水泥。常用的活性混合材料有粒化高炉矿渣、火山灰质混合材料和粉煤灰等。

（1）粒化高炉矿渣。粒化高炉矿渣是高炉冶炼生铁时，将浮在铁水表面的熔融物经水淬等急冷处理而成的松散颗粒，又称为水淬矿渣。粒化高炉矿渣的主要化学成分是 CaO、SiO_2、Al_2O_3 和少量 MgO、Fe_2O_3。急冷的矿渣结构为不稳定的玻璃体，具有较大的化学潜能，其主要活性成分是活性 SiO_2 和活性 Al_2O_3，常温下能与 $Ca(OH)_2$ 反应，生成水化硅酸钙、水化铝酸钙等具有水硬性的产物，从而产生强度。在用石灰石做熔剂的矿渣中，含有少量 C_2S，本身就具有一定的水硬性，加入激发剂磨细就可制得无熟料水泥。

（2）火山灰质混合材料。天然火山灰材料是火山喷发时形成的一系列矿物，如火山灰、凝灰岩、浮石、沸石和硅藻土等；人工火山灰是与天然火山灰成分和性质相似的人造矿物或工业废渣，如烧黏土、粉煤灰、煤矸石碴和炉渣等。火山灰的主要活性成分是活性 SiO_2 和活性 Al_2O_3，在激发剂作用下，可发挥出水硬性。

（3）粉煤灰是火力发电厂以煤粉做燃料，燃烧后收集下来的极细的灰渣颗粒，为球状玻璃体结构，也是一种火山灰质混合材料。

3. 窑灰

窑灰是水泥回转窑窑尾废气中收集下的粉尘，活性较低，一般作为非活性混合材料加入，以减少污染，保护环境。

（二）普通硅酸盐水泥

凡由硅酸盐水泥熟料、5%~20% 混合材料、适量石膏磨细制成的水硬性胶凝材料，称为普通硅酸盐水泥（简称普通水泥），代号为 P·O。

掺加活性混合材料时，最大掺量不得超过 20%，其中允许用不超过水泥质量 5% 的窑灰或不超过水泥质量 8% 的非活性混合材料来代替。

国家标准对普通硅酸盐水泥的技术要求有如下几个。

（1）细度：比表面积不小于 300 m^2/kg。

（2）凝结时间：初凝不得早于 45 min，终凝不得迟于 10 h。

（3）强度和强度等级：根据 3 d 和 28 d 龄期的抗折强度和抗压强度，将普通硅酸盐水泥划分为 42.5、42.5R、52.5、52.5R 四个等级、两种类型。

普通硅酸盐水泥的体积安定性、氧化镁含量、三氧化硫含量等技术要求均与硅酸盐水泥相同，但是烧失量值 $\leqslant$ 5.0%。

普通硅酸盐水泥与硅酸盐水泥相比，由于在熟料中掺入 20% 以下的混合材料，其密度略有降低，约为 3 100 kg/m^3，其早期强度、水化热、抗冻性、耐磨性和抗碳化性略有降低，耐腐蚀性和耐热性略有提高。这种水泥适应性强，被广泛应用于各种混凝土及钢筋混凝土工程，是我国主要水泥品种之一。

（三）矿渣硅酸盐水泥

凡由硅酸盐水泥熟料和粒化高炉矿渣、适量石膏磨细制成的水硬性胶凝材料称为矿渣硅酸盐水泥（简称矿渣水泥）。

（四）火山灰质硅酸盐水泥

凡由硅酸盐水泥熟料和火山灰质混合材料、适量石膏磨细制成的水硬性胶凝材料称为火山灰质硅酸盐水泥（简称火山灰质硅酸盐水泥）。

水泥中火山灰质混合材料掺加量按质量百分比计为 20%~40%。

（五）粉煤灰硅酸盐水泥

凡由硅酸盐水泥熟料和粉煤灰、适量石膏磨细制成的水硬性胶凝材料称为粉煤灰硅酸盐水泥。

水泥中粉煤灰掺加量按质量百分比计为20%~40%。

以上三种水泥的共性与应用如下：

（1）凝结硬化慢、早期强度低和后期强度增长快，不宜用于早期强度要求高的工程、冬期施工工程和预应力混凝土等工程，且应加强早期养护。

（2）温度敏感性高，适宜高温、湿热养护，适合采用蒸汽养护和蒸压养护。

（3）水化热低，适合大体积混凝土工程，如大型基础和水坝等。

（4）耐腐蚀性能强，可用于有耐腐蚀要求的工程中。

（5）抗冻性差，耐磨性差，不宜用于严寒地区水位升降范围内的混凝土工程和有耐磨要求的工程。

（6）抗碳化能力差。

另外，矿渣硅酸盐水泥具有较强的耐热性，但其抗渗性差，干燥收缩较大；火山灰质硅酸盐水泥具有较好的抗渗性和耐水性，但干燥收缩比矿渣硅酸盐水泥更加显著；粉煤灰硅酸盐水泥具有较好的抗裂性，但其抗渗性较差。

（六）复合硅酸盐水泥

由硅酸盐水泥熟料、两种或两种以上规定的混合材料和适量石膏磨细制成的水硬性胶凝材料称为复合硅酸盐水泥（简称复合水泥），代号为P·C。

水泥中混合材料总掺量按质量百分比计应大于20%，但不超过50%。

由于在复合硅酸盐水泥中掺入了两种或两种以上的混合材料，可以相互取长补短，克服了掺单一混合材料水泥的一些弊病，使其早期强度接近于普通水泥，而其他性能优于矿渣硅酸盐水泥、火山灰质硅酸盐水泥和粉煤灰硅酸盐水泥，因而适用范围更加广泛。

以上四种水泥技术要求如下。

（1）细度：80 μm方孔筛筛余不大于10%或45 μm方孔筛筛余不大于30%。

（2）凝结时间、体积安定性：要求与普通硅酸盐水泥相同。

（3）氧化镁含量：矿渣硅酸盐水泥P.S.A要求≤6%，P.S.B不做要求。其余三种水泥要求≤6%。

（4）三氧化硫含量：矿渣硅酸盐水泥中的三氧化硫含量不得超过4.0%；火山灰质硅酸盐水泥、粉煤灰硅酸盐水泥和复合水泥中的三氧化硫不得超过3.5%。

（5）强度等级：四种水泥根据3 d和28 d的抗折强度和抗压强度划分强度等级，分为32.5、32.5R、42.5、42.5R、52.5、52.5R。

三、通用水泥的包装、储运

（一）水泥的包装

为了便于识别，避免错用，国家标准对水泥的包装标志做了详细规定。水泥袋上应清楚标明产品名称、代号、净含量、强度等级、生产许可证编号、生产者名称、产地、出厂编号、执行标准和包装时间等。包装袋两侧用不同颜色印刷名称和等级，硅酸盐水泥、普通硅酸盐水泥用红色，矿渣硅酸盐水泥用绿色，火山灰质硅酸盐水泥、粉煤灰硅酸盐水泥、复合硅酸盐水泥用黑色或蓝色。散装水泥发货时应提供与袋装水泥标志内容相同的卡片。

（二）水泥的储存

1. 散装水泥的储存

散装水泥宜在仓罐中储存，不同品种和强度等级的水泥不得混仓，并应定期清仓。散装水泥在库内储存时，水泥库的地面和外墙内侧应进行防潮处理。

2. 袋装水泥的储存

（1）库房内储存。库房地面应有防潮措施。库内应保持干燥，防止雨水侵入。堆放时，应按品种、强度等级、出场编号、到货先后或使用顺序排列成垛。堆垛高度以不超过10袋为宜。堆垛应至少离开四周墙壁20 cm，各垛之间应留置宽度不小于70 cm的通道。

（2）露天堆放。袋装水泥露天堆放时，应在距离地面不小于30 cm的垫板上堆放，垫板下不得积水。水泥堆垛必须用布严密覆盖，防止雨水侵入使水泥受潮。

（三）水泥的储存期限

水泥储存期过长，其活性将会降低。一般储存3个月以上的水泥，强度降低10%~20%；6个月降低15%~30%；1年后降低25%~40%。对已进场的每批水泥，视在场存放情况，应重新采样复检其强度和安定性。

常用六种水泥的有效存放期规定为3个月（自出厂日期算起），超过有效期的水泥应视为过期水泥。存放期超过3个月的通用水泥和存放期超过1个月的快硬水泥，使用前必须复检，并按复检结果使用。

（四）水泥的验收

水泥验收时应注意核对包装上所注明的产品名称、代号、净含量、强度等级、生产许可证编号、生产者名称和地址、出厂编号、执行标准号、包装年月日、混合材料名称等项。

水泥数量的验收：一般袋装水泥，每袋净含量50 kg，且不得少于标志质量的99%；随机抽取20袋总质量不得少于1 000 kg，交货时质量验收可以抽取实物试样，以其检验结果为依据，或者以生产者同编号水泥的检验结果为依据。采用何种方法验收由买卖双方商定，并在合同或协议中注明。卖方有告知买方验收方法的责任。

四、专用水泥、特性水泥

专用水泥是指具有专门用途的水泥，其用途较单一。特性水泥是指某方面性能比较突出的水泥，一般用于某些特殊环境。

（一）道路水泥

由道路硅酸盐水泥熟料、适量石膏（可加入标准规定的混合材料）磨细制成的水硬性胶凝材料，称为道路硅酸盐水泥（简称道路水泥），代号为P·R。道路硅酸盐水泥熟料以硅酸钙为主要成分和较多量的铁铝酸钙；其中，游离氧化钙含量不得大于1%，C_3A含量不得大于5%，C_4AF含量不得低于16%。

道路硅酸盐水泥的技术要求如下。

（1）细度：0.08 mm方孔筛筛余量不得超过10%。

（2）凝结时间：初凝不得早于1.5 h，终凝不得迟于10 h。

（3）体积安定性：沸煮法检验必须合格。

（4）干缩和耐磨性：28 d干缩率不得大于0.10%，磨损量不得大于3.0 kg/m^2。对道路水泥的性能要求是耐磨性好、收缩小、抗冻性好、抗冲击性好，有高的抗折强度和良好的耐久性。道路水泥可以较好地承受高速车辆的车轮摩擦、循环负荷、冲击和震荡、货物起卸时的骤然负荷，较好地抵抗路面与路基的温差和干湿度差产生的膨胀应力，抵抗冬季的冻融循环。使用道路水泥铺筑路面，可减少路面裂缝和磨耗，减小维修量，延长使用寿命。道路水泥主要用于道路路面、机场跑道路面和城市广场等工程。

（二）大坝水泥

大坝水泥是专门用于要求水化热较低的大坝和大体积混凝土工程的水泥品

种。生产低水化热水泥，主要是降低水泥熟料中的高水化热组分 C_2S、C_3A 和 f-CaO 的含量，主要品种有三种：中热硅酸盐水泥、低热硅酸盐水泥、低热矿渣硅酸盐水泥。

中热硅酸盐水泥主要适用于大坝溢流面的面层和水位变动区等要求较高耐磨性和抗冻性的工程，低热硅酸盐水泥和低热矿渣硅酸盐水泥主要适用于大坝或大体积建筑物内部及水下工程。

（三）快硬硅酸盐水泥

凡以硅酸盐水泥熟料和适量石膏磨细制成的以 3 d 抗压强度表示强度等级的水硬性胶凝材料，称为快硬硅酸盐水泥（简称快硬水泥）。

国家标准规定：细度要求为 0.08 mm 方孔筛筛余不得超过 10%；初凝不得早于 45 min，终凝不得迟于 10 h；安定性必须合格。按照 1 d 和 3 d 的强度值将快硬水泥划分为 32.5、37.5 和 42.5 三个强度等级。

快硬水泥凝结硬化快，早期、后期强度均高，抗渗性及抗冻性强，水化热高而集中，吸湿性强，吸湿后水泥活性降低速度比一般水泥快，耐腐蚀性差。

快硬水泥可用来配制早强混凝土、高强混凝土，适用于紧急抢修工程，低温施工工程和高强度等级的混凝土预制件等；适用于配制干硬混凝土，水灰比可控制在 0.40 以下；不适宜大体积混凝土及经常与腐蚀介质接触的混凝土工程。快硬水泥的有效储存期较其他水泥的短。

（四）膨胀水泥和自应力水泥

膨胀水泥和自应力水泥都是硬化时具有一定体积膨胀的水泥品种。膨胀水泥膨胀值较小，主要用于补偿收缩；自应力水泥膨胀值较大，用于生产预应力混凝土。

常用硅酸盐系膨胀水泥主要是明矾石膨胀水泥、低热微膨胀水泥和自应力硅酸盐水泥。明矾石膨胀水泥膨胀值要求是：水中养护净浆自由膨胀时 1 d 线膨胀率≥ 0.15%，28 d 线膨胀率≥ 0.35%，但不得大于 1.20%。

明矾石膨胀水泥适用于补偿收缩混凝土结构、防渗混凝土、补强和防渗抹面工程，接缝和接头，设备底座和地脚螺栓固结等。

低热微膨胀水泥主要用于要求低水化热和要求补偿收缩的混凝土、大体积混凝土工程，也可用于要求抗渗和抗硫酸盐腐蚀的工程。

自应力水泥硬化后要求其28 d自由膨胀率不得大于3%，膨胀稳定期不得迟于 28 d。

自应力硅酸盐水泥适用于制造自应力钢筋混凝土压力管及其配件，制造一般口径和压力的自应力水管和城市煤气管。

第二节　木材构造和结构

虽然出现了许多新型建筑材料，但木材以其独特的性质与广泛的用途，与钢材、水泥等居于同等重要的地位，被称为三大建筑材料之一。本节主要对木材进行详细的介绍并对木材的检测技术进行详细的讲解。

木材是国家经济建设中不可缺少的重要资源，是人类使用最早最广的一种建筑材料，在桥梁、建筑工程中的应用已有悠久的历史和丰富的经验。许多古代的木结构建筑，虽然经过了数百年，但至今仍保持完好的状态。

一、木材的概述

木材作为建筑材料的主要优点是：轻质、比强度高，富有弹性和韧性，能承受冲击和振动；对热、声、电的绝缘性好，热胀冷缩性小；木纹和色泽美丽，易于着色和油漆，装饰效果良好；木材轻软易加工，加工工具简单。

木材的缺点是：构造不均匀，各向异性；含水率变化时，构件易发生胀缩变形、翘曲或开裂；木材是有机物，易燃，耐火性差，易腐朽，易遭虫蛀；天然疵病多，如木节、弯曲等。

木材是一种古老的工程材料。由于具有一些独特的优点，在出现众多新型土木工程材料的今天，木材仍在工程中占有重要地位。

木材在大气环境下性能稳定，不易变质，许多木造建筑物可使用上千年。坐落在杭州钱塘江畔的六和塔，至今已有1 000多年的历史。

木材还有很多其他的优点，如轻质高强；易于加工（如锯、刨、钻等）；有高强的弹性和韧性；能承受冲击和振动作用；导电和导热性能低；木纹美丽；装饰性好等。但木材也有缺点，如构造不均匀，具有各向异性；易吸湿、吸水，因而产生较大的湿胀、干缩变形；易燃、易腐等。不过，这些缺点经过加工和处理后，可得到很大程度的改善。

木材是由树木加工而成的，树木分为针叶树和阔叶树两大类。木材的构造决定着木材的性能，针叶树和阔叶树的构造不完全相同。为便于了解木材的构造，将树干切成三个不同的切面。树木可分为树皮、木质部和髓心三个部分。而木材主要使用木质部。木材的顺纹（作用力方向与纤维方向平行）强度和横纹（作用力方向与纤维方向垂直）强度有很大的差别。

二、树木的分类

树木分为针叶树和阔叶树两大类。

针叶树树干通直高大，大多生长在寒冷雨水少的地方，其生长较快、纹理平顺、材质均匀、木质较软而易于加工，故又称软材。针叶树强度较高，表观密度和胀缩变形较小，耐腐蚀性比阔叶树好，为土建工程中的主要用材，多用于承重结构构件及其他部件。常用的树种有杉、松、柏等。

阔叶树多数树种其树干通直部分较短，大多生长在温暖而又雨水充足的地方，其大多生长缓慢，材质坚硬，较难加工，故又称硬材。阔叶树强度较高，胀缩变形大，容易翘曲开裂，不宜做承重构件。建筑上可做尺寸较小的构件，对于具有天然纹理的树种，特别适合做室内装修、家具及胶合板等。常用的树种有水曲柳、榆木、杨树、槐树等。

三、木材的构造

木材的构造是决定木材性质的主要因素，由于树种和生长环境的不同，各种木材在构造上的差别很大，在建设中为了区别树种，了解和掌握木材性质，合理使用木材，一般可以从微观和宏观两方面对构造进行研究。

1. 木材的微观构造

在显微镜下所见到的木材组织称为微观构造。木材的基本组成单位是细胞，每个细胞都有细胞壁和细胞腔。当细胞壁越厚，细胞腔越小，木材组织越均匀，则木材越密，体积密度和强度也就越大。

2. 木材的宏观构造

用肉眼或放大镜所看到的木材组织称为宏观构造。树木由树根、树干、树冠（枝和叶）组成，工程中所用木材主要取自树干。木材的宏观构造可以从树干部分的三个基本切面：横切面（垂直于树轴的面）、径切面（通过树轴的面）和弦切面（切于年轮而平行于树轴的面）来观察。

从横切面可以看到树皮、木质部、年轮和髓心，有的木材还可以看到放射状的髓线。

木质部是指髓心和树皮之间的部分，是建筑材料使用的主要部分，它可分为边材和心材。边材由新细胞壁组成，颜色较浅，含水量较大，易翘曲变形，抗腐朽性差。心材靠近髓心，颜色较深，含水量小，不易发生翘曲变形，抗腐蚀能力较强。在力学性能上，边材和心材无明显差别。

在横切面上有深浅不同的同心圆环，称为年轮。每一层年轮内的木材一般就是它一年中所生长的部分。年轮的轮廓由春材和夏材两部分组成，春材色浅，质软；夏材较致密、质硬、颜色较深。相同树种时，年轮越密并均匀者，质量越好，夏材部分越多，强度越高。

髓心形如管状，纵贯整个树木的干和枝的中心，是最早生成的木质部分，质松软，强度低，易腐朽。髓心射线对材质是不利的，但髓心射线粗大的木材具有美丽的花纹，适合做装饰材料。

四、木材的物理性质

木材的物理性质有密度、表观密度、变形和含水率等，其中尤以含水率的大小对木材性质影响最大。

1. 密度

木材的密度变化范围甚小，并与树种几乎无关，经测定，木材的平均密度为 1.54~1.55 g/cm^3。

2. 表观密度

木材的表观密度是随含水量的变化而变化。木材的空隙率很大（50%~80%），所以绝大多数的木材表观密度都小于 1，平均在 0.5 g/cm^3。根据表观密度的大小可以判断木材的物理和力学性质。木材的表观密度通常以 15% 含水量为标准表观密度。

3. 含水率

木材的含水率是指木材中所含水的质量占干燥木材质量的百分数。含水率的大小对木材的性质影响很大。新伐木材的含水率在 35% 以上，风干木材的含水率为 15%~25%，室内干燥木材的含水率通常为 8%~15%。

木材所含的水分可分为自由水和吸附水两种。吸附水存在于细胞壁内，自由水存在于细胞腔和细胞之间的毛细管内。新采伐的或潮湿的木材，内部有大量的自由水和吸附水。在木材的干燥过程中，首先失去的是自由水，它的蒸发，并不影响木材的体积变化和力学性质。当自由水蒸发后，吸附水开始蒸发，它的蒸发速度缓慢，但它的失水将会影响木材的体积和强度的变化。

当木材中仅含有吸附水，即细胞腔及细胞之间的自由水不存在的时候，这时木材的含水量称为“纤维饱和点”。它的含水量为25%~35%，常取平均值30%。它标志着木材干燥和受潮过程中，物理力学性质变化的转折点。

木材的含水量是随周围空气的温度和相对湿度而变化的。这种变化只有在木材含水量和周围空气中相对湿度平衡时才停止。此时的含水量称为木材的“平衡含水量”。

4. 收缩和膨胀

木材具有明显的湿胀和干缩现象。这是因为木材含水量在纤维饱和点以下，吸附水的蒸发，细胞壁变薄，引起木材体积的收缩；反之，当干燥木材吸收水分，吸附水增加，细胞壁增厚，木材体积膨胀。因此，当木材达到纤维饱和点时，木材的膨胀率达到最大。由于树种的不同和构造的不均匀性，木材的各向收缩或膨胀是不相同的。一般来说，木材沿树干的顺纹方向收缩最小（为0.10%~0.35%）；径向收缩次之（为3%~6%）；弦向收缩最大（为6%~12%）。木材的收缩和膨胀率大致相等。

木材的胀缩会产生裂纹或翘曲等变形，致使木结构的结合松弛或胀裂，使其承载能力降低。为了避免这种不利影响，最根本的措施是，在木材加工制作前预先将其进行干燥处理，使木材干燥至其含水率与将做成的木构件所使用处环境的湿度相适应时的平衡含水率。

五、木材的强度和影响强度的因素

1. 木材的强度

在建筑结构中，木材常用的强度有抗压、抗拉、抗弯和抗剪等强度。由于木材的构造各向异性，致使各向强度也有差异。木材的强度有顺纹强度和横纹强度之分。

（1）抗压强度。

顺纹抗压强度是作用力方向与木材纤维方向一致时的强度。顺纹抗压强度是木材各种力学性质中的基本指标，是最稳定的强度，这类受力形式在工程中应用最广泛，如柱、桩、斜撑、桁架中的承压杆件等。

横纹抗压强度为木材所受压力与纤维方向垂直时的强度。木材的横纹抗压强度较顺纹抗压强度低，通常为顺纹抗压强度的 10%~30%。

（2）抗拉强度。

顺纹抗拉强度即作用力方向和木材纤维方向一致时的抗拉强度，由于纤维间相互联结的强度小于纤维本身的抗拉强度，所以木材受顺纹拉力时，木纤维往往未被拉断而纤维间先被撕裂导致破坏。以标准试件测得，木材顺纹的抗拉强度是各种强度的最高值，约为顺纹抗压强度的 2~3 倍。

横纹抗拉强度很小，仅相当顺纹抗拉强度的 1/60~1/40，在实际工程中极少应用。

（3）抗剪强度。

木材承受剪力时，根据剪力和剪切面与木材纤维所成方向的不同，可分为顺纹剪切、横纹剪切和横纹切断三种。

顺纹剪切是剪切力方向和纤维方向平行，此种剪力破坏，绝大多数纤维本身并不破坏，而只是纤维间的联结被破坏，木材的一部分相对于另一部分纤维长度方向产生移位。顺纹抗剪强度仅为顺纹抗压强度的 1/5 左右。

横纹剪切是剪切力的方向与纤维方向垂直，而剪切面与纤维方向平行，它是顺纹剪切强度的 2/3 左右。

横纹切断是剪切力方向的剪切面与木材纤维方向垂直，它的破坏是将纤维切断，因而强度较大，约为顺纹抗剪强度的 3~4 倍。

（4）抗弯强度。

木材具有很好的抗弯性能，一般弯曲强度是顺纹抗压强度的 1.5~2.0 倍，这是木材的重要性质，在市政工程中得到广泛应用，如桁架、梁、桥梁等受弯构件。但木材中的木节、斜纹等疵病对抗弯强度影响很大，特别是在受拉区更为严重。因此，凡有纵向裂缝的木材是不能当作梁使用的。

2. 影响木材强度的主要因素

（1）含水量的影响。

木材含水量的大小是影响木材强度的主要因素之一，特别是含水量在纤维饱和点以下时，木材的强度随含水量的增大而降低，这是由于含水量增大，使纤维软化的同时，引起细胞壁膨胀，相互分离。相反，木材纤维干缩，细胞壁相互接触，密度增加，使强度得到提高。当木材含水量在纤维饱和点以上时，含水率的变化对强度没有大的影响。

（2）温度的影响。

温度升高或长期处于受热条件下，木材的力学强度会降低，脆性增加，主要原因是木材受热会缓慢炭化，颜色逐渐变暗褐，水分蒸发，木纤维中的胶结物质处于脆性状态，从而使强度、弹性模量降低。

（3）疵病对木材强度的影响。

木材在生长、采伐和保存过程中，往往会存在不同程度的腐朽、树节、裂纹、斜纹等疵病。而木材强度试验时用的样品均采用无疵病的标准试件测得，因此试验强度总是高于木材实际强度。

（4）荷载作用时间的影响。

木材对长期荷载的抵抗力低于对瞬时荷载的抵抗能力。荷载持续时间越长，抵抗破坏的能力越低。木材在长期荷载作用下，能无期限负荷而不破坏的最大应力，称为木材的持久强度，其值一般为极限强度的 50%~60%。

六、木材的主要结构

（一）方木和原木结构

1. 材料要求

树种要求：木屋架和檩架所用木材的树种要求应符合设计图纸规定。在制作原木屋架时，一般采用杉木树种。在制作方木屋架时，一般采用松木树种，如东北松、美松等。

含水率：原木或方木结构应不大于 25%；板材结构及受拉构件的连接板应不大于 18%；通风条件较差的木构件应不大于 20%。

注：本条中规定的含水率为木构件全截面的平均值。

2. 施工过程控制

（1）采用易裂树种制作屋架下弦时应“破心下料”。

①当径级较大时，沿方木底边破心。

②当径级较小时，沿侧边破心。髓心朝外用直径 d 为 10~12 mm 螺栓拼合。螺栓沿下弦长度方向每隔 60 cm 左右按两行错列布置，在节点处钢拉杆两侧各用一个螺栓系紧。

③当受条件限制不得不用湿材制作原木或方木结构时，应采取以下措施。可采用破心下料；桁架受拉腹杆应采用圆钢，以便调整；桁架下弦采用带髓心的方木时，在桁架支座节点处，应将髓心避开齿连接受剪面。

（2）制作桁架或梁之前应按下列规定绘制足尺大样。

①使用的钢尺应为检验有效的度量工具，同时以同一把尺子为宜。

②可按图纸确定起拱高度，或取跨度的 1/200，但最大起拱高度不大于 20 mm。

③足尺大样当桁架完全对称时，可只放半个桁架，并将全部节点构造详尽

绘入，除设计有特殊要求者外，各杆件轴线应汇交一点，否则会产生杆件附加弯矩与剪力。

④足尺大样的偏差要严格控制误差。

⑤采用木纹平直不易变形的木材（如红松、杉木等），且含水率不大于18% 的板材按实样制作样板。样板的允许偏差为 ±1 mm，按样板制作的构件长度允许偏差为 ±2 mm。

（3）桁架制作注意事项。

①桁架上弦或下弦需接头时，夹板所采用螺栓直径、数量及排列间距均应按图施工。螺栓排列要避开髓心。受拉构件在夹板区段的构件材质均应达到一等材的要求。

②受压接头端面应与构件轴线垂直，不应采用斜槎接头；齿连接或构件接头处不得采用凸凹榫。

③当采用木夹板螺栓连接的接头钻孔时，应各部固定，一次钻通以保证孔位完全一致。受剪螺栓孔径大于螺栓直径不超过 1 mm；系紧螺栓孔直径大于螺栓直径不超过 2 mm。

④木结构中所用钢材等级应符合设计要求。钢件的连接不应用气焊或锻接。受拉螺栓垫板应根据设计要求设置。受剪螺栓和系紧螺栓的垫板若无设计要求时，应符合下列规定：厚度不小于 0.25 d（d 为螺栓直径），且不应小于 4 mm；正方形垫板的边长或圆形垫板的直径不应小于 3.5 d。

⑤下列受拉螺栓必须戴双螺帽：钢木屋架圆钢下弦、桁架主要受拉腹杆、受震动荷载的拉杆、直径等于或大于 20 mm 的拉杆。受拉螺栓装配后，螺栓伸出螺帽的长度不应小于螺栓直径的 4/5。

⑥圆钢拉杆应平直，若长度不够需连接时不得采用搭接焊，采用绑条焊时应用双绑条，绑条总长度为拉杆直径的 8 倍，绑条直径为拉杆直径的 3/4。当采用闪光焊时应经冷拉检验。

⑦使用钉连接时应注意：当钉径大于 6 mm 时，或者采用易劈裂的树种木材（如落叶松、硬质阔叶树种等），应预先钻孔，孔径约为钉径的 4/5，孔深不小于钉深度的 3/5；扒钉直径宜取 6~10 mm。

（4）桁架安装注意事项。

①制作后的检验：木屋架、梁、柱在吊装前，应对其制作、装配、运输根据设计要求进行检验，主要检查原材料质量、结构及其构件的尺寸正确程度和构件制作质量，并记录在案，验收合格后方可安装。

②吊装前的准备工作：修整运输过程中造成的缺陷；拧紧所有的螺栓螺帽；加强屋架侧向刚度和防止构件错位（临时加固）；校正支座标高、跨度和间距；对于跨度大于 15 mm，采用圆钢下弦的钢木桁架，应采取措施防止就位后对墙柱产生水平推力。

③防腐、防虫检验：对于经常受潮的木构件及木构件与砖石砌体或混凝土结构接触处进行防腐处理。在虫害地区的木构件应进行防虫处理。

④通风处理：木屋架支座节点、下弦及梁端部不应封闭在墙、保温层或其他通风不良处内，构件周边（除支承面）及端部均应留出不小于 5 cm 的空隙。

⑤吊装过程中的注意事项：首先要对吊装机械、缆风绳、地锚坑进行检查。对跨度较大的屋架要进行试吊，以检验理论计算是否可行。在试吊过程中，应停车对结构、吊装机具、缆风绳、地锚坑等进行检查。在试吊后检查结构各部位是否受到损伤、变形或节点错位，并根据检查情况最后确定吊装方案。

⑥防火：木材自身易燃，在 50 ℃以上高温烘烤下，会降低承载力和产生变形。为此木结构与烟囱、壁炉的防火间距应严格符合设计要求。木结构支承在防火墙上时，不能穿过防火墙，并将端面用砖墙封闭隔开。

⑦锚固：在正常情况下，屋架端头应加以锚固，故屋架安装校正完毕后，应将锚固螺栓上螺帽拧紧。

⑧屋架就位检验：屋架就位后要控制稳定，检查位置与固定情况。第一榀屋架吊装后立即找中、找直、找平，并用临时拉杆（或支撑）固定。第二榀屋架吊装后，立即上脊檩，装上剪力撑。支撑与屋架用螺栓连接。

3. 质量通病

（1）侧向变形。

现象：屋架在制作或吊装过程中产生侧向变形。

原因分析：屋架制作质量差，节点端面不平直，木料变形又没有采取防止变形的措施；由于支撑尺寸偏差造成。

（2）安装位置不准。

现象：屋架安装后，屋架端节点中心与支座面中心位置偏差较大。

原因分析：屋架安装前，支座向中心放线不准或没有线；锚固螺栓埋设不准确；屋架上锚固螺栓孔偏移错位。

4. 分项工程质量验收记录

（1）木材（承重木结构方木材质质量标准、承重木结构板材材质标准、承重木结构原木材质标准）按等级检验材质缺陷记录。

（2）木材含水率记录。

（3）木材强度试验记录：取样方法应从每批木材的总数中随机抽取三根为试材，在每根试材髓心以外部分切取三个试件为一组，根据各组平均值中最低的一个值确定该批材的强度等级；若检验结果高于同种树时，按同种树的强度等级使用；对于树名不详的树种应按检验结果确定等级，可采用该等级的 B 组设计指标，可与设计方协商处理。

（4）木屋架、柱和梁制作质量验收记录：木材防护处理记录；木桁架、梁、柱制作的允许偏差记录。

（5）吊装记录：木桁架、梁、柱安装允许偏差记录；屋面木骨架的安装允许偏差记录；木屋盖上弦平面横向支撑设置的完整性记录（按规定逐个无遗漏检查）。

（6）施工日记。

（7）技术复核。

（二）胶合木结构

1. 材料要求

（1）将木纹平行于长度方向的木板层胶合起来称为胶合木。软质树种的层板厚度不大于 45 mm，硬质树种木板不大于 40 mm。

（2）层板胶合木使用条件根据气候环境分为 1 级、2 级、3 级三个等级；根据使用环境的温度不同，又分为两个型号，Ⅰ型结构件使用环境温度应低于 80 ℃，Ⅱ型结构件使用环境温度低于 50 ℃。Ⅱ型仅能用于 1 级或 2 级。

（3）层板宽度大于 200 mm 时，应用两块木板拼合，相邻两层木板的拼缝间距等于或大于木板厚度和 25 mm。

（4）层板胶合木在垂直荷载作用下受弯时，除上下两层之外，拼缝不需胶合。当有外观要求时，上、下两个面层的拼缝应用加填料的胶封闭。在水平荷载作用下受弯时，或用于使用条件等级为 3 级时，全部拼缝均应胶合。

（5）层板的目测定级规定如下：

①定级应以每块木板的全长为依据，并应以较差的面层为准，应将密度异常的木板剔除。

②已定级的木板锯解后应按新尺寸重新定级。

③木节尺寸应按两个木节平行于木板宽面边缘直线测量，如果有两个或更多的木节在两根线内，或部分在线内，则在 200 mm 长度内所有木节在两条平行线之间的尺寸包括部分木节的总和为有效木节尺寸。

④在同一截面上出现两个或更多的木节时，它们的尺寸之和不应超过最大

允许木节。

⑤当层板是由两块木板拼合时，应按拼合后的层板宽度确定木节的允许尺寸。

⑥检查数量：在层板接长前应根据每一树种，截面尺寸按等级随机取样100片木板。

⑦检查方法：用钢尺或量角器量测。

当采用弹性模量与目测配合定级时，除检查目测等级外，还应检测层板的弹性模量，应在每个工作班的开始、结尾和在生产过程中每间隔4 h各选取1片木板。目测定级合格后测定弹性模量。

（6）应按下列规定检查指接范围内的木材缺陷和加工缺陷。

①不允许存在裂缝、涡纹及树脂条纹。

②木节距指端的净距不应小于木节直径的3倍。

③在指长范围内及离指根75 mm的距离内，允许存在钝棱或边缘缺损，但不得超过两个角，且任一角的钝棱面积不得大于木板正常截留面积的1%。

④检查数量：应在每个工作班的开始、结尾和在生产过程中每隔4 h选取1块木板。

⑤检查方法：用钢尺量测。

（7）层板接长的指接弯曲强度应符合规定。

①见证试验：当新的指接生产线试运转或生产线发生显著的变化（包括指形接头更换剖面）时，应进行弯曲强度试验。

试件应取生产中指接的最大截面。

根据所用树种、指接几何尺寸、胶肿、防腐剂或阻燃剂处理等不同的情况，分别取至少30个试件。

凡属因木材缺陷引起破坏的试验结果应剔除，并补充试件进行试验，以取得至少 30 个有效试验数据，据此进行统计分析求得指接弯曲强度标准值。

②常规试验：从一个生产工作班至少取 3 个试件，尽可能在工作班内按时间和截面尺寸均匀分布。从每一生产批料中至少选一个试件，试件的含水率应与生产的构件一致，并应在试件制成后 24 h 内进行试验。其他要求与见证试验相同。

（8）层板按弹性模量的定级规定。

①以弹性模量为主并应满足必要的目测要求。

②弹性模量与目测要求的综合规定。

③上述两种定级方法均要求层板的弹性模量达到或超过规定值。

（9）胶合木构件的外观质量。

① A 级——构件的外观要求严格而需油漆的，所有表面空隙均需封填或用木料修补。表面需用砂纸打磨达到粒度为 60 的要求。下列空隙应用木料修补：

a. 直径超过 30 mm 的孔洞；

b. 尺寸超过 40 mm × 20 mm 的长方形孔洞；

c. 宽度超过 3 mm，长度为 40~100 mm 的侧边裂缝。

填料应为不收缩符合构件表面加工要求的材料。

② B 级——构件的外观要求表面用机具刨光并加油漆。

③ C 级——构件的外观要求不严格，允许有缺陷和空隙，构件胶合后无须表面加工。

检查数量：每检验批当要求为 A 级时，应全数检查；当要求为 B 或 C 级时，要求检查 10 个。

检查方法：用钢尺量。

2. 制作过程控制

（1）胶合木结构宜在专门车间内制作，室温不宜低于 16℃，制作过程中温度应保持稳定。

（2）木板厚度采用软质木材不宜大于 45 mm，硬质木材不宜大于 40 mm。若在露天结构使用，上述限值应降为 40 mm 和 30 mn。胶合弧形构件，木板厚度宜小于 30 mm，且不应超过最小曲率半径的 1/200。

（3）层板坯料应在纵向接长和表面加工之前，窑干至 8%~15% 的含水率。

（4）层板坯料纵向接长应采用指形接头。

（5）木板应用指接胶合接长至计算的长度，经过养护后刨光。落叶松、花旗松等不易胶合而需化学剂处理的木材，应在刨光后 6 h 内胶合；易胶合无须化学剂处理的木材，应在刨光后 24 h 内胶合。

（6）木板胶合前应清除灰尘、污垢及渗出的胶液和化学处理药剂，但不得用沙子打磨。两块木板的胶合面均应均匀涂胶，用胶量不得少于 250 g/m²，若采用高频电干燥，则不得少于 200 g/m²。指接应双面涂胶。

（7）指接的间距按层板的受力情况分别规定如下：

①受拉构件：当构件应力达到或超过设计值的 75% 时，相邻层板之间的距离应为 150 mm。

②受弯构件的受拉区：在构件 1/8 高度的受拉外层再加一块层板的范围内，相邻层板的指接间距应为 150 mm。

③受拉构件或受弯构件的受拉区 10% 高度内，层板自身的指接间距不应小于 1 800 mm。

④需修补后出厂的构件的受拉区最外层和相邻的内层，距修补块端头的每一侧小于 150 mm 的范围内，皆不允许有指接接头。

（8）胶合时木板含水率，对于不需用化学药剂处理的木材应在 8%~15% 之间，对于需用化学药剂处理的木材应在 11%~18%。各层木板之间及指接木板之间的含水率差别不应超过 4%。胶合时木板温度不应低于 15 ℃。

（9）胶合时必须均匀加压，加压可从构件的任意位置开始，逐步延伸到端部。

（10）弧形构件采用模架，模架拱面曲率半径应稍小于弧形构件下表面的曲率半径，以抵消拆模后的回弹。

（11）在制作工段内的温度应不低于 15 ℃，空气相对湿度应在 40%~75% 的范围内。胶合构件养护室内的温度，当木材初始温度为 18 ℃时，应不低于 20 ℃；当木材初始温度为 15 ℃时，应不低于 25 ℃。养护空气相对湿度应不低于 30%。在养护完全结束前，胶合构件不应受力或置于温度在 15 ℃以下的环境中。

（12）需在胶合前进行化学处理的木材，应在胶合前完成机械加工。

（13）当采用弹性模量与目测配合定级时，应按本条规定测定木板弹性模量：

①以一片木板为试件。

②按规定采样。

③将木板平卧放置在距端头 75 mm 的两个四轴上，其中之一能在垂直木板长度方向旋转。

④在跨度中点加载，荷载准确度应在 ±1% 之内。

⑤在加载点用读数能达到 0.025 mm 的仪表测量挠度。

⑥进行适当的预加载后，将仪表调到 0 读数。

⑦最后荷载应以试件的应力不超过 10 MPa 为限。

⑧读出最后荷载下的挠度。

⑨根据最后荷载和挠度求得弹性模量。

⑩在测试的 100 个试件中，有 95 个试件的弹性模量高于规定值，即被认可。

3. 质量通病

（1）胶合木构件脱胶率达不到要求。原因分析如下。

①木板平整度不够，可能因搁置时间过长而变形，也可能木板由于搁置时间过长，树脂渗出影响黏结。

②涂胶不均匀。

③养护时间不足。

④养护温度与相对湿度达不到要求。

⑤在搬运到养护室的过程中受到振动。

⑥胶内混有固体粒屑。

（2）胶合木结构未防护受雨淋会产生变形。

（3）胶合木各层板含水率差距超过标准而引起变形。

（4）胶合木未按年轮方向一致排列而造成变形。

（5）选材没有严格按材料标准进行而造成产品质量达不到相应的等级要求。

4. 分项工程质量验收记录

（1）层板目测质量等级记录：

①定级应以每块木板的全长为依据，并以较差的面为准，应将密度异常小的木板剔除。

②已定级的木板锯解后应按新的尺寸重新定级。

③木节尺寸应按两根包括木节而平行于木板宽面边缘的直线测量，如果有两个或更多的木节在两根线内，或部分在线内，则在 200 mm 长度内所有木节在两条平行线之间的尺寸（包括部分木节）的总和为有效木节尺寸。

④在同一截面上出现更多的木节时，它们的尺寸之和不应超过最大允许的木节。

⑤当层板是由两块木板拼合时，应按拼合后的层板宽度确定木节的允许

尺寸。

⑥边翘材横向翘曲的限值不能超过要求。

（2）如按弹性模量定级时，除有上述记录并满足要求的同时，还应有满足弹性模量相应要求的记录。在测试的 100 个试件中，有 95 个试件的弹性模量高于规定值，即被认可。

（3）胶型记录主要包括出厂证明书。

（4）胶缝完整性试验，胶缝脱胶率记录。

（5）胶缝抗剪强度记录及与抗剪强度相对应的最小木材破坏率记录。

（6）胶合木生产日记。

（7）胶合木外观检查记录，并定 A、B、C 三个级别。

（8）胶合木上应打上标签，其上注明生产日期、批号、等级、检验人及生产厂名品牌等。

（三）轻型木结构

1. 材料要求

（1）木框架结构用材分七个规格等级，即Ⅰc、Ⅱc、Ⅲc、Ⅳc、Ⅴc、Ⅵc、Ⅶc。规格材含水率不超过 18%。

检查数量：每检验批随机取样 100 块。

检查方法：用钢尺或量角器测，按国家标准规定测定规格材全截面的平均含水率，并对照规格材的标识。

（2）等级标识：在所有目测分等和机械分等中，规格材均盖有经认证的分等机构或组织提供的等级标识。标识应在规格材的宽面，并明确指出生产者名称、树种组合名称、生产木材含水率及根据“统一分等标准”或等效分等标准的等级代号。

（3）用于屋面板、墙面板和楼面板的木基复板材、结构胶合板或定向木片板应根据国家或国际标准生产，并经相应认证机构根据有关要求，对产品的生产厂家是否符合有关标准做出认证。

（4）石膏板应采用经过化学药剂处理或未经处理板芯的墙面石膏板标准规定的有关要求。

（5）其他结构用木材应根据规范规定的产品标准制造。

结构复合木材应根据 ASTMD-5055 的规定制造。

预制工字形木搁栅应根据 ASTMD-5456 的规定制造。

2. 施工过程控制

（1）轻型木框架结构应符合国家标准的要求设计的施工图进行施工。

（2）木框架所用的木材、普通圆钢钉、麻花钉及 U 形钉应符合质量要求。

（3）施工过程要严格控制轴线及标高尺寸，由专人放线后经专人验收复核。

（4）注意框架结构纵向横向的稳定系统，如剪刀撑、横向斜撑和水平杆件要及时安装并固定，否则不能继续向上进行。

（5）木材端面安装前应进行隐蔽工程验收，如防腐涂料等检查。

3. 质量通病

（1）如果材料未达到规格标准的含水率，可能因含水率逐步减少产生弯曲、开裂及扭转，使结构安装带来困难；材料也可能由于受潮或雨淋导致材料含水率增高而产生弯曲变形。

（2）材料没有进行严格的检验控制，安装后发现问题，如斜率过大、壁裂缝超标准、针孔、虫眼、腐朽、漏刨和木节过多等，为此需要返工造成损失。

（3）由于放线不准，偏差较大造成安装困难。

（4）加工构件尺寸不准造成构件报废。

（5）纵横支撑未能及时安装造成结构变形，严重时也导致失稳倒塌。

（6）构件安装前未能按图纸设计要求进行防护处理造成返工。

4. 分项工程质量验收记录

（1）板材冲击抗弯与静载抗弯强度试验报告。

（2）含水率试验报告。

（3）目测轻型木结构规格材质等级报告。

（4）普通圆钉抗弯试验记录。

（5）规格木材应力等级报告（抗弯强度）。

（6）技术复核及隐蔽检查报告。

（7）施工日记。

第五章 工程沥青材料分析

沥青是一种憎水性的有机胶凝材料，它具有与矿质混合料良好的黏结力；同时结构致密，几乎完全不溶于水和不吸水；而且还具有较好的抗腐蚀能力，能抵抗一般的酸性、碱性及盐类等具有腐蚀性的液体或气体的腐蚀等特点。故沥青是市政工程中不可缺少的材料之一，广泛用于道路、桥梁、水利工程以及其他防水防潮工程中。本章主要对沥青材料及其检测技术进行详细的讲解。

第一节 石油沥青

沥青是一种由许多高分子碳氢化合物及其非金属（氧、硫、氮等）衍生物所组成的在常温下呈褐色或黑褐色固体、半固体及液体状态的复杂的混合物。它能溶于二硫化碳等有机溶剂中。

沥青按产源不同分为地沥青与焦油沥青两大类。地沥青中有石油沥青与天然沥青；焦油沥青则有煤沥青、木沥青、页岩沥青及泥炭沥青等几种。市政工程中主要使用石油沥青和煤沥青，以及以沥青为原料通过加入表面活性物质而得到的乳化沥青和改性沥青等。

石油沥青是石油（原油）经蒸馏等工艺提炼出各种轻质油及润滑油以后得到的残留物，或者再经加工得到的残渣。当原油的品种不同、提炼加工的方式和程度不同时，可以得到组成、结构和性质不同的各种石油沥青产品。

一、石油沥青的品种

石油沥青的分类方法尚不统一，各种分类方法都有各自的特点和实用价值。

1. 按原油加工后所得沥青中含蜡量多少分类

石油沥青按原油基层不同分为石蜡基沥青、沥青基沥青和中间基沥青三种。

（1）石蜡基沥青。它是由含大量烷属烃成分的石蜡基原油提炼制得的，其含蜡量一般均大于 5%。由于其含蜡量较高，其黏性和温度稳定性受到影响，故这种沥青的软化点高，针入度小，延度低，但抗老化性能较好。

（2）沥青基沥青（环烷基沥青）。它是由沥青基原油提炼制得的。其含蜡量一般少于 2%，含有较多的脂环烃，故其黏性高，延伸性好。

（3）中间基沥青（混合基沥青）。它是由含蜡量介于石蜡基和沥青基石油之间的原油提炼制得的。其含蜡量为 2%~5%。

2. 按加工方法分类

采用不同的加工方法，石油可炼制成不同种类的沥青。原油经过常压蒸馏后得到常压渣油，再经减压蒸馏后，得到减压渣油。这些渣油属于低标号的慢凝液体沥青。

为提高沥青的稠度，以慢凝液体沥青为原料，可以采用不同的工艺方法得到黏稠沥青。渣油再经过减蒸工艺，进一步拔出各种重质油品，可得到不同稠度的直馏沥青；渣油经不同深度的氧化后，可以得到不同稠度的氧化沥青或半氧化沥青；渣油经不同程度地脱出沥青油，可得到不同稠度的溶剂沥青。除轻度蒸馏和轻度氧化的沥青属于高标号慢凝沥青外，这些沥青都属于黏稠沥青。

有时施工中需要沥青在常温条件下具有较大的施工流动性，在施工完成后短时间内又能凝固而具有高的黏结性，为此在黏稠沥青中掺加煤油或汽油等挥发速度较快的溶剂，这种用快速挥发溶剂作为稀释剂的沥青，称为中凝液体沥青或快凝液体沥青。为得到不同稠度的沥青，也可以采用硬的沥青与软的沥青以适当比例调配，称为调配沥青。按照比例不同所得成品可以是黏稠沥青，也可以是慢凝液体沥青。

快凝液体沥青需要耗费高价的有机稀释剂，同时要求石料必须是干燥的。为节约溶剂和扩大使用范围，可将沥青分散于有乳化剂的水中而形成沥青乳液，这种乳液也称为乳化沥青。为更好地发挥石油沥青和煤沥青的优点，选择适当比例的煤沥青与石油沥青混合而成一种稳定的胶体，这种胶体称为混合沥青。

二、石油沥青的化学组成与结构

石油沥青是高分子碳氢化合物及其非金属衍生物的混合物。其主要化学成分是碳（80%~87%）和氢（10%~15%），少量的氧、硫、氮（约为 5%）及微量的铁、钙、铅、镍等金属元素。

由于沥青化学组成与结构的复杂性以及分析测试技术的限制，将沥青分离成纯化学单体较困难，而且化学元素含量的变化与沥青的技术性质间也没有较好的相关性，所以许多研究者都着眼于胶体理论、高分子理论和沥青组分理论的分析。

（一）石油沥青胶体结构理论分析

1. 胶体结构的形成

石油沥青的主要成分是油质、树脂和地沥青质。油质和树脂可以互溶，树脂能浸润地沥青质，在地沥青质的超细颗粒表面能形成树脂薄膜，所以石油沥青的胶体结构是以沥青质为核心，其周围吸附着高相对分子质量的树脂而形成胶团，无数胶团分散于溶有低相对分子质量树脂的油分中而形成胶体结构。在这个稳定的分散系统中，分散相为吸附部分树脂的沥青质，分散介质为溶有部分树脂的油质。分散相与分散介质表面能量相等，它们能形成稳定的亲液胶体。在这个胶体结构中，从地沥青质到油质是均匀地逐步递变的，并无明显界面。

2. 胶体结构的类型

（1）溶胶型结构。当油质和低相对分子质量树脂足够多时，胶团外膜层较厚，胶团间没有吸引力或吸引力较小，胶团之间相对运动较自由，这种胶体结构的沥青，称为溶胶型石油沥青。溶胶型石油沥青的特点是流动性和塑性较好,开裂后自行愈合能力较强,但其温度稳定性较差。直馏沥青多属溶胶型结构。

（2）凝胶型结构。当油质和低相对分子质量树脂较少时，胶团外膜层较薄，胶团间距离减小，相互吸引力增大，胶团间相互移动比较困难，具有明显的弹性效应，这种胶体结构的沥青称为凝胶型石油沥青。凝胶型石油沥青的特点是弹性和黏性较高，温度稳定性好，但流动性和塑性较差，开裂后自行愈合能力较差。氧化沥青多属凝胶型结构。

（3）溶－凝胶型结构。当沥青各组分的比例适当，而胶团间又靠得较近时，相互间有一定的吸引力，在常温下受力较小时，呈现出一定的弹性效应；当变形增加到一定数值后，则变为有阻尼的黏性流动形成一种介于溶胶和凝胶型二者之间的结构，这种结构称为溶－凝胶型结构。具有这种结构的石油沥青的性质也介于溶胶型沥青和凝胶型沥青之间。它是道路建筑用沥青较理想的结构，大部分优质道路石油沥青均配制成溶－凝胶型结构。

（二）高分子溶液理论分析

随着对石油沥青研究的深入发展，有些学者已开始摒弃石油沥青胶体结构观点，而认为它是一种高分子溶液。在石油沥青高分子溶液里，分散相沥青质与分散介质软沥青质具有很强的亲和力，而且在每个沥青质分子的表面上紧紧地保持着一层软沥青质的溶剂分子，而形成高分子溶液。高分子溶液具有可逆性，即随沥青质与软沥青质相对含量的变化，高分子溶液可以是较浓的或是较稀的。较浓的高分子溶液，沥青质含量就多，相当于凝胶型石油沥青；较稀的高分子溶液，沥青质含量就少，软沥青质含量多，相当于溶胶型石油沥青；稠度介于两者之间的为溶－凝胶型。这是一个新的研究发展方向，目前这种理论应用于沥青老化和再生机理的研究，已取得一些初步的成果。

（三）沥青的组分理论分析

我国现行规定有三组分和四组分两种分析法。三组分分析法将石油沥青分为油分、树脂和沥青质三个组分。四组分分析法将石油沥青分为饱和分、芳香分、胶质和沥青质四个组分。除了上述组分外，石油沥青中还含有其他化学组分：石蜡及少量地沥青酸和地沥青酸酐。

沥青的化学组分分析就是利用沥青在不同有机溶剂中的选择性溶解或在不同吸附剂上的选择性吸附，将沥青分离为几个化学性质比较接近，而又与其胶体结构性质、流变性质和技术性质有一定联系的化合物组。这些组就称为沥青的组分。此法主要利用选择性溶解和选择性吸附的原理，所以又称“溶解－吸附”法。石油沥青主要组分如下：

（1）油分。它是沥青中最轻的组分。赋予沥青以流动性，油分含量的多少直接影响沥青的柔韧性、抗裂性和施工难度。油分在一定的条件下可以转变为树脂甚至沥青质。

（2）树脂。其相对分子质量比油质的大。树脂有酸性和中性之分。酸性树脂的含量较少，为表面活性物质，对沥青与矿质材料的结合起表面亲和作用，可提高胶结力；中性树脂可使沥青具有一定的塑性、可流动性和黏结力，其含量越高，沥青的黏结力和延伸性增加。

（3）沥青质。它是石油沥青中相对分子质量较大的固态组分，为高分子化合物。沥青质决定着沥青的黏结力、黏度、温度稳定性以及沥青的硬度和软化点等。其含量越高，沥青的黏度、黏结力、硬度和温度稳定性越高，但其塑性则越低。

（4）沥青碳和似碳物。它们是由于沥青受高温的影响脱氢而生成的，一般只在高温裂化或加热及深度氧化过程中产生。它们多为深黑色固态粉末状微粒，是石油沥青中相对分子质量最大的组分。沥青碳和似碳物在沥青中的含量不多，一般在 2%~3% 以下，它们能降低沥青的黏结力。

（5）蜡。蜡在常温下呈白色结晶状态存在于沥青中。当温度达 45 ℃时，它就会由固态转变为液态，石蜡含量增加时，将使沥青的胶体结构遭到破坏，从而降低沥青的延度和黏结力，所以蜡是石油沥青的有害成分。国际上大多都规定沥青的含蜡量在 2%~4% 范围内，蒸馏法测得的含蜡量应不大于 3%。

三、石油沥青的技术性质

石油沥青作为胶凝材料常用于建筑防水和道路工程。沥青是憎水性材料，几乎完全不溶于水，所以具有良好的防水性。为了保证工程质量，正确选择材料和指导施工，必须了解和掌握沥青的各种技术性质。

（一）黏性

沥青作为胶结材料必须具有一定的黏结力，以便把矿质材料和其他材料胶结为具有一定强度的整体。黏结力的大小与沥青的黏滞性密切有关。黏滞性是指在外力作用下，沥青粒子相互位移时抵抗变形的能力。沥青的黏滞性以绝对黏度表示，它是沥青性质的重要指标之一。

绝对黏度的测定方法比较复杂。工程上常用相对（条件）黏度代替绝对黏度。测定相对黏度时用针入度仪和标准黏度计。前者用来测定黏稠石油沥青的相对黏度；后者则用于测定液体（或较稀的）石油沥青的相对黏度。黏稠石油沥青的相对黏度用针入度表示。

（二）延展性

沥青在外力作用下，产生变形而不破坏，除去外力后，仍能保持变形后的形状的性质，称为延展性。它是反映石油沥青受力时所能承受的塑性变形的能力。

沥青的延展性与其组分有关。当树脂含量较多，且其他组分含量又适当时，延展性较好。此外，周围介质的温度和沥青膜层厚度对延展性有影响。温度升高，则延展性增大；膜层越厚，则延展性越高；膜层越薄，延伸性变差；当膜层薄至 1 μm 时，塑性近于消失，即接近于弹性。

延展性高是沥青的一种良好性能，它反映了沥青开裂后的自行愈合能力。例如，履带车辆在通过沥青路面后，路面有变形发生但无局部破坏，而在通过水泥混凝土路面后，则可能发生局部脆性破坏。另外，沥青的延展性对冲击振动荷载也有一定吸收能力，并能减少摩擦时的噪声，故沥青是一种优良的道路路面材料。此外，沥青基柔性防水材料的柔性，在很大程度上来源于沥青的延展性。

（三）温度敏感性

温度敏感性是指石油沥青的黏滞性和塑性随温度升降而变化的性能。因沥青是一种高分子非晶态热塑性物质，故没有一定的熔点。当温度升高时，沥青由固态或半固态逐渐软化，使沥青分子之间发生相对滑动，此时沥青就像液体一样发生了黏性流动，称为黏流态。与此相反，当温度降低时又逐渐由黏流态凝固为固态（或称高弹态），甚至变硬变脆（像玻璃一样硬脆称作玻璃态）。此过程反映了沥青随温度升降其黏滞性和塑性的变化。在相同的温度变化间隔里，各种沥青黏滞性及塑性变化幅度不相同，工程要求沥青随温度变化而产生的黏滞性及塑性变化幅度应较小，即温度敏感性较小。建筑工程宜选用温度敏感性较小的沥青。所以，温度敏感性是沥青性质的重要指标之一。

通常石油沥青中地沥青质含量较多，在一定程度上能够减小其温度敏感性。在工程使用时往往加入滑石粉、石灰石粉或其他矿物填料来减小其温度敏感性。沥青中含蜡量较多时，则会增大温度敏感性。多蜡沥青不能用于建筑工程就是因为该沥青温度敏感性大，当温度不太高时就发生流淌；在温度较低时又易变硬开裂。

沥青软化点是反映沥青温度敏感性的重要指标。由于沥青材料从固态至液态有一定的变态间隔，故取液化点与固化点之间温度间隔的 87.21% 作为软化点。

石油沥青的针入度、延度和软化点是评定黏稠石油沥青牌号的三大指标。

（四）大气稳定性

石油沥青是有机材料，它在热、阳光、氧及潮湿等因素的长期综合作用下，其组分和性质将发生一系列变化，即油质和树脂减少，地沥青质逐渐增多。因此，沥青随时间的进展而流动性和塑性减小，硬脆性逐渐增大，直至脆裂，此过程称为沥青的“老化”。抵抗“老化”的性质，称为大气稳定性（耐久性）。

其测定方法是：先测定沥青试样的质量及其针入度，然后将试样置于烘箱中，在 163 ℃下加热蒸发 5 h，待冷却后再测定沥青试样的质量及其针入度，后者与前者的比值分别称为蒸发损失百分数和蒸发后针入度比。蒸发损失百分数越小，蒸发后针入度比越大，表示沥青的大气稳定性越高，老化越慢，耐久性越好。

（五）溶解度

溶解度是石油沥青在溶剂（苯、三氯甲烷、四氯化碳等）中溶解的百分率，以确定石油沥青中有效物质的含量。某些不溶物质（沥青碳或似碳物等）将降低沥青的性能，应将其视为有害物质加以限制。

实际工作中除特殊情况外，一般不进行沥青的化学组分分析而测定其溶解度，借以确定沥青中对工程有利的有效成分的含量，石油沥青的溶解度一般均在 98% 以上。

（六）闪点与燃点

沥青在使用时均需要加热，在加热过程中，沥青中挥发出的油分蒸气与周围空气组成油气混合物，此混合气体在规定条件下与火焰接触，初次发生有蓝色闪光时的沥青温度即为闪点（又称闪火点）。若继续加热，油气混合物的浓度增大，与火焰接触能持续燃烧 5 s 以上时的沥青温度即为燃点（又称着火点）。通常燃点比闪点高约 10 ℃。

闪点和燃点的高低，表明沥青引起火灾或爆炸的危险性的大小。因此，加热沥青时，其加热温度必须低于闪点，以免发生火灾。

四、道路石油沥青的技术标准与选用

（一）道路石油沥青的技术标准

黏稠石油沥青按针入度划分为 160 号、130 号、110 号、90 号、70 号、50 号、30 号七个标号，根据当前的沥青使用和生产水平，按技术性能分为 A、B、C 三个等级。一般 A 级沥青适用于各个等级的公路的任何场合任何层次；B 级沥青用于高速公路、一级公路沥青下面层，二级及二级以下公路的各个层次或用作改性沥青、乳化沥青、改性乳化沥青及稀释沥青的基质沥青；C 级只用于三级及三级以下公路的各个层次。

道路石油沥青技术标准除针入度外，对不同标号各等级沥青的针入度指数、软化点、延度、闪点、密度等指标提出了相应的要求。

沥青的牌号越大，沥青的黏滞性越小（针入度越大），塑性越好（延度越大），温度稳定性越差（软化点越低），使用寿命越长。

（二）黏稠石油沥青和液体石油沥青的技术标准

石油沥青按稠度大小可分为黏稠石油沥青和液体石油沥青。而黏稠石油沥青按道路的交通量，道路石油沥青分为中、轻交通石油沥青和重交通石油沥青。

中、轻交通道路石油沥青主要用作一般道路路面、车间地面等工程。常配制沥青混凝土、沥青混合料和沥青砂浆使用。选用道路石油沥青时，要按照工程要求、施工方法以及气候条件等选用不同牌号的沥青。此外，还可用作密封材料、胶黏剂和沥青涂料等。重交通道路石油沥青主要用于高速公路、一级公路路面、机场道面以及重要的城市道路路面等工程。

道路用液体石油沥青按照液体沥青的凝固速度分为快凝、中凝和慢凝三个等级，快凝的液体沥青又划分为三个标号，除黏度外，对蒸馏的馏分及残留物性质、闪点和含水量也提出相应的要求。

五、石油沥青在道路工程的选用

在道路工程中选用沥青材料时，应根据工程的性质、当地的气候条件以及工作环境来选用沥青。道路石油沥青主要用于道路路面等工程，一般拌制成沥青混合料或沥青砂浆使用。在应用过程中需控制好加热温度和加热时间。沥青在使用过程中若加热温度过高或加热时间过长，都将使石油沥青的技术性能发生变化；若加热温度过低，则沥青的黏滞度就不会满足施工要求。沥青合适的加热温度和加热时间，应根据达到施工最小黏滞度的要求并保证沥青最低程度来改变原来性能的原则，并根据当地实际情况来加以确定。同时，在应用过程中还应进行严格的质量控制。其主要内容应包括：在施工现场随机抽样试样，按沥青材料的标准试验方法进行检验，并判断沥青的质量状况；若沥青中含有水分，则应在使用前脱水，脱水时应将含有水分的沥青徐徐倒入锅中，其数量以不超过油锅容积的 1/2 为度，并保持沥青温度为 80~90 ℃。

在脱水过程中应经常搅动，以加速脱水速度，并防止溢锅，待水分脱净后，方可继续加入含水沥青，沥青脱水后方可抽样试样进行试验。

六、石油沥青的储存

沥青必须按品种、标号分开存放。除长期不使用的沥青可在自然温度下存储外，沥青在储罐中的储存温度不宜低于 130 ℃，并不得高于 170 ℃。桶装沥青应直立堆放，加盖苫布。

道路石油沥青在运输、使用及存放过程中应有良好的防水措施，避免雨水或加热管道蒸汽进入沥青中。

第二节　煤沥青

将高温煤焦油进行再蒸馏，蒸去水分和全部轻油及部分中油、重油和蒽油后所得的残渣即为煤沥青。

一、煤沥青的原料——煤焦油

煤沥青的原料是煤焦油，是生产焦炭和煤气的副产物。将烟煤在隔绝空气的条件下加热干馏，干馏中的挥发物气化流出，冷却后仍为气体者即为煤气；冷凝下来的液体除去氨及苯后，即为煤焦油。

按照干馏温度的不同，可将煤焦油分为高温煤焦油和低温煤焦油；按照工艺过程的不同，可将煤焦油分为焦炭焦油和煤气焦油。高温煤焦油含碳较多，密度较大，含有大量的芳香族碳氢化合物，技术性质较好；低温煤焦油则与之相反，技术性质较差。因此，施工中多用高温煤焦油制作煤沥青和建筑防水材料。

二、煤沥青的化学组分和结构

煤沥青是一种复杂的高分子碳氢化合物及其非金属衍生物的混合物。其主要组分有以下几种。

（一）游离碳

游离碳（又称自由碳）是高分子有机化合物的固态碳质微粒，不溶于任何有机溶剂，加热不熔化，只在高温下才分解。游离碳能提高煤沥青的黏度和热稳定性，但随着游离碳的增多，沥青的低温脆性也逐渐增加，其作用相当于石油沥青中的沥 青质。

（二）树脂

树脂属于环心含氧的环状碳氢化合物。树脂有固态树脂和可溶性树脂之分。

1. 固态树脂

固态树脂（又称硬树脂）为固态晶体结构，仅溶于吡啶，类似于石油沥青中的沥青质，它能增加煤沥青的黏滞度。

2. 可溶性树脂

可溶性树脂（又称软树脂）为赤褐色黏塑状物质，溶于氯仿，类似于石油沥青中树脂，它能使煤沥青的塑性增大。

（三）油分

油分为液态，由未饱和的芳香族碳氢化合物组成，类似于石油沥青中的油质，能提高煤沥青的流动性。

此外，煤沥青油分中还含有萘油、蒽油和酚等。当萘油含量小于 15% 时，可溶于油分中；当其含量超过 15%，且温度低于 10 ℃时，萘油呈固态晶体析出，影响煤沥青的低温变形能力。酚为苯环中含羟基的物质，呈酸性，有微毒，能溶于水，故煤沥青的防腐杀菌力强。但酚易与碱起反应而生成易溶于水的酚盐，降低沥青产品的水稳定性，故其含量不宜太多。

和石油沥青一样，煤沥青也具有复杂的分散系胶体结构，其中自由碳和固态树脂为分散相，油分为分散介质。可溶性树脂溶解于油分中，被吸附于固态分散微粒表面给予分散系以稳定性。

三、煤沥青的技术要求

煤沥青根据蒸馏程度不同分为低温煤沥青、中温煤沥青和高温煤沥青三种。建筑和道路工程中使用的煤沥青多为黏稠或半固体的低温煤沥青。

煤沥青按其稠度不同分为软煤沥青（液体、半固体的）和硬煤沥青（固体的）两类，道路工程中主要应用软煤沥青。

四、煤沥青技术性质的特点

煤沥青与石油沥青相比，由于产源、组分和结构的不同，煤沥青技术性质有如下特点：

（1）温度稳定性差。煤沥青是较粗的分散系（自由碳颗粒比沥青质粗），且树脂的可溶性较高，受热时由固态或半固态转变为黏流态（或液态）的温度间隔较窄，故夏天易软化流淌而冬天易脆裂。

（2）塑性较差。煤沥青中含有较多的游离碳，故煤沥青的塑性较差，使用中易因变形而开裂。

（3）大气稳定性较差。煤沥青中含挥发性成分和化学稳定性差的成分（如未饱和的芳香烃化合物）较多，它们在热、阳光、氧气等因素的长期综合作用下，将发生聚合、氧化等反应，使煤沥青的组分发生变化，从而黏度增加，塑性降低，加速老化。

（4）与矿质材料的黏附性好。煤沥青中含有较多的酸性物质、碱性物质，这些物质均属于表面活性物质，所以煤沥青的表面活性比石油沥青的高，故与酸性石料、碱性石料的黏附性较好。

（5）防腐力较强。煤沥青中含有蒽、萘、酚等有毒成分，并有一定臭味，故防腐能力较好，多用于木材的防腐处理。但蒽油的蒸气和微粒可引起各种器官的炎症，在阳光作用下危害更大，因此施工时应特别注意防护。

五、煤沥青和石油沥青的比较

煤沥青和石油沥青相比较，在技术性质上和外观上以及气味上存在着较大差异。由于煤沥青的主要性质比石油沥青差，因此在道路工程中使用较少，一般根据等级不同，石油沥青可适用于不同公路等级沥青路面的各个等级；煤沥青则用于各级公路各种基层上的透层或三级及三级以下公路铺筑表面处治或灌入式沥青路面或与道路石油沥青、乳化沥青混合使用，以改善渗透性。

第三节　乳化沥青

乳化沥青是将沥青热熔，经过机械的作用，使其以细小的微滴状态分散于含有乳化剂的水溶液之中，形成水包油状的沥青乳液。水和沥青是互不相溶的，但由于乳化剂吸附在沥青微滴上的定向排列作用，减小了水与沥青界面间的界面张力，使沥青微滴能均匀地分散在水中而不致沉析；同时，由于稳定剂的稳定作用，使沥青微滴能在水中形成均匀稳定的分散系。乳化沥青呈茶褐色，具有高流动度，可以冷态使用，在与基底材料和矿质材料结合时有良好的黏附性。

一、乳化沥青的组成材料

乳化沥青主要由沥青、水、乳化剂、稳定剂等材料组成。

（1）沥青。

沥青是乳化沥青的主要组成材料，占乳化沥青的55%~70%。各种标号的沥青均可配制乳化沥青，稠度较小的沥青（针入度为100~250）更易乳化。

（2）水。

水质对乳化沥青的性能也有影响：一方面，水能润湿、溶解、黏附其他物质，并起缓和化学反应的作用；另一方面，水中含有各种矿物质及其他影响乳化沥青形成的物质。所以，水质应相当纯净，不含杂质。一般说来，水质硬度不宜太大，尤其阴离子乳化沥青，对水质要求较严，每升水中氧化钙含量不得超过 80 mg。

（3）乳化剂。

乳化剂是乳化沥青形成和保持稳定的关键成分，它能使互不相溶的两相物质（沥青和水）形成均匀稳定的分散体系，它的性能在很大程度上影响着乳化沥青的性能。

沥青乳化剂是一种表面活性剂，按其在水中能否解离而分为离子型乳化剂和非离子型乳化剂两大类。离子型乳化剂按其解离后亲水端生成离子所带电荷的不同，又分为阴离子型乳化剂、阳离子型乳化剂和两性离子型乳化剂三种。

（4）稳定剂。

为使沥青乳液具有良好的储存稳定性，常常在乳化沥青生产时向水溶液中加入适量的稳定剂。常用的稳定剂有氯化钙、聚乙烯醇等。

二、乳化沥青形成机理

乳化沥青是油－水分散体系。在这个体系中，水是分散介质，沥青是分散相，两者只有在表面能较接近时才能形成稳定的结构。乳化沥青的结构是以沥青细微颗粒为固体核，乳化剂包覆沥青微粒表面形成吸附层（包覆膜），此膜具有一定的电荷，沥青微粒表面的膜层较紧密，向外则逐渐转为普通的分散介质；吸附层之外是带有相反电荷的扩散离子层水膜。由上可知，乳化沥青能够形成和稳定存在的原因主要如下：

（1）乳化剂在沥青－水系统界面上的吸附作用减小了两相物质间的界面

张力，这种作用可以抑制沥青微粒的合并。

（2）沥青微粒表面均带有相同电荷，使微粒间相互排斥不靠拢，达到分散颗粒的目的。

（3）微粒外水膜的形成可以机械地阻碍颗粒的聚集。

三、乳化沥青的分解破乳

要使乳化沥青在路面中（或与其他材料接触时）发挥结合料的作用，就必须使沥青从水相中分离出来，产生分解破乳。所谓分解破乳就是指沥青乳液的性质发生变化，沥青与乳液中的水相分离，使许多微小的沥青颗粒互相聚结，成为连续整体薄膜。这种分解破乳主要是乳液与其他材料接触后，由于离子电荷的吸附和水分的蒸发而产生的，其变化过程可从沥青乳液的颜色、黏结性及稠度等方面的变化进行观察和鉴别。乳液分解破乳的外观特征是其颜色由茶褐色变成黑色，此时乳液还含有水分，需待水分完全蒸发、分解破乳完成后，乳液中的沥青才能恢复到乳化前的性能。

沥青乳液分解破乳所需要的时间可反映出沥青乳液的分解破乳速度。影响分解破乳速度的因素有以下几个。

（1）离子电荷的吸引作用。

这种作用对阳离子乳化沥青尤为显著。目前我国筑路用石料多含碳酸盐或硅酸盐，在潮湿状态下它们一般带负电荷，所以阳离子沥青乳液很快与集料表面相结合。此外，阳离子沥青乳化剂具有较高的振动性能，与固体表面有自然的吸引力，它可以穿过集料表面的水膜，与集料表面紧密结合。电荷强度大，能加速破乳；反之则延缓破乳。

（2）集料的孔隙度、粗糙度与干湿度的影响。

如果与乳液接触的集料或其他材料为多孔质表面粗糙或疏松的材料，乳液中的水分将很快被材料吸收，破坏乳液的平衡，加快破乳速度；反之，若材料表面致密光滑，吸水性很小时，延缓乳液的破乳速度。材料本身的干湿度也会影响破乳速度。干燥材料将加快破乳速度，湿润与饱和水材料将延缓破乳速度。

（3）施工时气候条件的影响。

沥青乳液施工时的气温、湿度、风速等都会影响分解破乳速度。气温高、湿度小、风速大会加速破乳；否则会延缓破乳。

（4）机械冲击与压力作用的影响。

施工中压路机和行车的振动冲击和碾压作用也能加快乳液的破乳速度。

（5）集料颗粒级配的影响。

集料颗粒越细、表面积越大，乳液越分散，其破乳速度越快。

（6）乳化剂种类与用量的影响。

乳化剂本身有快型、中型、慢型之分，因此用其所制备的沥青乳液也相应地分为快型、中型、慢型三种。这些分类本身就意味着与材料接触时的分解破乳速度不同。同种乳化剂其用量不同时，也影响破乳速度。乳化剂用量大，延缓破乳；用量小则加快破乳。

四、乳化沥青的优缺点

1. 乳化沥青的优点

（1）节约能源。采用乳化沥青筑路时，只需要在沥青乳化时一次加热，且加热温度较低。若使用阳离子乳化沥青时，砂石料也不需要烘干和加热，甚至可以在湿润状态下使用，所以大大节约了能源。

（2）节省资源。乳化沥青有良好的黏附性，可以在集料表面形成均匀的沥青膜，易于准确控制沥青用量，因而可以节约沥青。由于沥青也是一种能源，所以节省沥青既可以节省资源，又可以节省能源。

（3）提高工程质量。由于乳化沥青与集料有良好的黏附性，而且沥青用量又少，施工中沥青的加热温度低，加热次数少，热老化损失小，因而增强了路面的稳定性、耐磨性与耐久性，提高了工程质量。

（4）延长施工时间。阴雨与低温季节是沥青路发生病害较多的季节。采用阳离子乳化沥青筑路或修补，几乎不受阴湿或低温季节的影响，发现病害及时修补，能及时改善路况，提高好路率和运输效率。一年中延长施工的时间，因各地气候条件而不同，平均 60 d 左右。

（5）改善施工条件，减少环境污染。采用乳化沥青可以在常温下施工，现场不需要支锅熬油，施工人员不被烟熏火烤，减少了环境污染，改善了施工条件。

（6）提高工作效率。沥青乳液的黏度低、喷洒与拌合容易，操作简便、省力、安全，故可以提高工效，深受交通部门和施工人员的欢迎。

2. 乳化沥青的缺点

（1）储存期较短。乳化沥青由于稳定性较差，故其储存期较短，一般不宜超过 0.5 年，而且储存温度也不宜太低，一般保持在 0 ℃以上。

（2）乳化沥青修筑道路的成型期较长，最初要控制车辆的行驶速度。

五、乳化沥青的应用

前期主要发展阴离子乳化沥青，其缺点是沥青与集料间的黏附力低，若遇阴湿或低温季节，沥青分解破乳的时间将更长。此外，石蜡基与中间基原油的沥青量增多，阴离子乳化剂也难以对这些沥青进行乳化，故其发展受到限制。

阳离子乳化沥青发展较快。这种沥青乳液与集料的黏附力强，即使在阴湿低温季节，其吸附作用仍然可以正常进行。因此，它既有阴离子乳化沥青的优点，又弥补了阴离子乳化沥青的缺点。于是，乳化沥青的发展又进入了一个新阶段。

道路用乳化沥青常用于沥青表面处治路面、沥青贯入式路面、冷拌沥青混合料路面以及修补裂缝、喷洒透层、黏层和封层等，就其施工方法来讲有两种：

（1）洒布法：如沥青混合料路面、透层、黏层或封层等。

（2）拌合法：如沥青混合料路面、沥青碎石路面。

第四节　改性沥青

现代公路和道路发生许多变化，交通流量急剧增长，货运车的轴重不断增加，普遍实行分车道单向行驶，要求进一步提高路面抗流动性，即高温下抗车辙的能力；提高柔性和弹性，即低温下抗开裂的能力；增强耐磨耗能力和延长使用寿命。使用环境发生的这些变化对石油沥青的性能提出了严峻的挑战。对石油沥青改性，使其适应上述苛刻使用要求，引起了人们的重视。

改性沥青是指掺加橡胶树脂、高分子聚合物、磨细的橡胶粉或其他填料等外掺剂，或采用对沥青轻度氧化等措施，使性能得到改善后的沥青。

改性沥青的改性剂种类繁多，主要有高聚物类改性剂、微填料类改性剂、纤维类改性剂、硫磷类改性剂等。

一、改性沥青的分类及特性

目前道路改性沥青一般是指聚合物改性沥青，改性沥青按改性剂不同可分为以下种类。

1. 热塑橡胶类改性沥青

热塑橡胶类改性沥青中的改性剂主要是苯乙烯嵌段共聚物，如苯乙烯－聚乙烯（SE）、苯乙烯－丁二烯－苯乙烯（SBS）、苯乙烯－异戊二烯－苯乙烯（SIS）、丁基－聚乙烯（BS）。其中 SBS 常用于路面沥青混合料，SIS 常用于热熔黏接料，SE/BS 常用于有抗氧化、抗高温变形要求的道路。

目前使用最多的为 SBS 改性沥青，此类改性沥青最大的特点是高温稳定性和低温抗裂性好，且具有良好的弹性恢复性能和抗老化性能。

2. 橡胶类改性沥青

橡胶类改性沥青也称为橡胶沥青，其使用最多的是丁苯橡胶（SBR）和氯丁橡胶（CR）。这类改性沥青出现较早，应用比较广泛，尤其是胶乳形式的 SBR 使用越来越广泛，CR 具有极性，常掺入煤沥青中使用。

SBR 改性沥青最大的特点是低温稳定性较好，但老化试验后的延度严重降低，主要适用于寒冷地区。

3. 热塑性树脂类改性沥青

常用的热塑性树脂类改性沥青有聚乙烯（PE）、乙烯－乙酸－乙烯共聚物（EVA）、聚丙烯、聚氯乙烯以及聚苯乙烯。

这类热塑性树脂的共同特点是加热后软化，冷却时变硬，使沥青混合料在常温下黏度增大，高温稳定性提高，但不能提高混合料的弹性，并且加热后容易产生离析现象，再次冷却时产生弥散体。

4. 其他改性沥青

（1）掺天然沥青的改性沥青。

将一定的特立尼达湖沥青（TLA）掺入沥青中能提高沥青的高温稳定性、低温抗裂性及耐久性。掺加页岩的沥青耐久性好，具有抗剥离、耐老化、高温抗车辙等特点。

（2）炭黑改性沥青。

在改性好的 SBS 改性沥青中加入炭黑，可使改性沥青的黏度增大，回弹性能提高。

（3）多价金属皂化物改性沥青。

将由一元酸与多价金属所形成的金属皂溶解在沥青中形成改性沥青，可使沥青的塑性增加、脆点降低，明显提高沥青与集料的黏附性，增加混合料的强度，提高沥青路面的柔性和疲劳强度。

（4）玻纤格栅改性沥青。

将一种自黏结型的玻纤格栅用专用机械铺于沥青混合料中，可以提高沥青的耐热性、黏结性、高温抗车辙性、低温抗裂性，同时还可防止路面的反射裂缝。

二、改性剂的选择

改性剂的选择应根据工程所在地的地理位置、气候条件、道路等级、路面结构等综合比较考虑。我国使用的聚合物改性剂主要是热塑性橡胶类（如 SBS）、橡胶类（如 SBR）、热塑性树脂类（如 EVA 及 PE）。

1. 根据不同气候条件选择改性剂

（1）I 类 SBS 热塑性橡胶类聚合物改性沥青。I–A 型、I–B 型适用于寒冷地区，I–C 型适用于较热地区，I–D 型适用于炎热地区及重交通量路段。

（2）I 类 SBR 橡胶类聚合物改性沥青。I–A 型适用于寒冷地区，I–B 型、I–C 型适用于较热地区。

（3）I 类热塑性树脂类聚合物改性沥青，适用于较热和炎热地区。

2. 根据沥青改性目的和要求选择改性剂

（1）为提高抗永久变形能力，宜使用热塑性橡胶类、热塑性树脂类改性剂。

（2）为提高抗低温开裂能力，宜使用热塑性橡胶类、橡胶类改性剂。

（3）为提高抗疲劳开裂能力，宜使用热塑性橡胶类、橡胶类、热塑性树脂类改性剂。

（4）为提高抗水损害能力，宜使用各类抗剥剂等外加剂。

三、主要改性沥青

1.SBS 改性沥青

SBS 改性沥青的主要特点是：温度高于 160 ℃后，改性沥青的黏度与原沥青基本相近，可与普通沥青一样拌合使用；温度低于 90 ℃后，改性沥青的黏度是原沥青的数倍，高温稳定性好，因而改性沥青混合料路面的抗车辙能力大大提高；改性沥青的低温延度、脆点较原沥青均有明显改善，因而改性沥青混合料的低温抗裂能力明显提高，疲劳寿命延长。

2.PE 改性沥青

这类改性沥青的高温稳定性与矿料黏附性、感温性、抗老化性能都有不同程度的改善，不过常温时的延性有所降低。

3.SBR 改性沥青

总体来说，SBR 改性沥青的热稳定性、延性以及黏附性，均较原沥青有所改善，并且热老化性能也有所提高。

4.EVA 改性沥青

EVA 改性沥青的热稳定性有所提高，但耐久性改变不大。

四、改性沥青技术标准

改性沥青可单独或复合采用高分子聚合物、天然沥青及其他改性材料制作，各类聚合物改性沥青的质量应符合相关现行标准的要求，其中用针入度指数 PI 值作为选择性指标，当使用表列以外的聚合物及复合改性沥青时，可通过试验研究确定相应的技术标准。

目前道路改性沥青一般是指聚合物改性沥青，聚合物改性沥青的评价指标，除常规指标外，针对其不同特点，各自有几种重点评价指标。SBS 改性沥青的高温和低温性能都好，且具有良好的弹性恢复性能，因此采用软化点、5C 低温延度、回弹率为主要指标。SBR 改性沥青的低温性能较好，所以以 5C 低温延度及黏韧性为主要评价指标。EVA 及 PE 改性沥青高温性能改善明显，以软化点为评价指标。

目前，改性沥青常用于排水及防水层；为防止反射裂缝，在老路面上做应力吸收膜中间层；用于加铺沥青面层以提高路面的耐久性；在老路面上或新建一般公路上做表面处治等。

五、防水卷材

防水卷材是建筑防水材料的重要产品之一，是一种可以卷曲的片状制品，按组成材料分为高聚物改性沥青防水卷材和合成高分子防水卷材两类。

防水卷材应该具有良好的耐水性、抗老化性能和温度稳定性，同时应该具有较强的机械强度、柔韧性、延伸性和抗断裂能力。

（一）高聚物改性沥青防水卷材

高聚物改性沥青防水卷材是以改性后的沥青为涂盖层，以纤维织物或纤维毡等为胎基制成的柔性卷材。它克服了传统沥青卷材温度稳定性差、延伸率低的不足，具有高温不流淌、低温不脆裂、拉伸强度高、延伸率较大等性能。高聚物改性沥青防水卷材有 SBS、APP、PVC 等，国家重点发展 SBS 卷材，适当发展 APP 卷材。

1. 弹性体改性沥青防水卷材

弹性体改性沥青防水卷材以 SBS 热塑性弹性体为改性剂，以聚酯毡或玻纤毡为胎基，两面覆盖聚乙烯膜（PE）、细砂（S）、矿物粒（片）料制成的卷材，简称 SBS 卷材，属于弹性体卷材。

（1）分类。弹性体改性沥青卷材按胎基材料分为聚酯毡（PY）、玻纤毡（G）、玻纤增强聚酯毡（PYG）三类；按上表面隔离材料分为聚乙烯膜（PE）、细砂（S）与矿物粒（片）料（M）三种，按下表面隔离材料分为细砂（S）、聚乙烯膜（PE）两种；按材料性能分为Ⅰ型和Ⅱ型。

（2）规格。弹性体改性沥青卷材幅面宽 1 000 mm；聚酯毡卷材厚度有 3 mm、4 mm、5 mm，玻纤毡卷材厚度有 3 mm 和 4 mm，玻纤增强聚酯毡卷材厚度为 5 mm；卷材面积分为 15 m^2、10 m^2 和 7.5 m^2。

（3）技术性质。弹性体改性沥青防水卷材，具有良好的不透水性和低温柔性，同时还具有抗拉强度高、延伸率大、耐腐蚀性及耐热性好等优点。

（4）用途。弹性体改性沥青防水卷材主要适用于工业与民用建筑的屋面及地下防水工程。玻纤增强聚酯毡卷材可用于机械固定单层防水，但需通过抗风荷载试验；玻纤毡卷材适用于多层防水中的底层防水；外露使用采用上表面隔离材料为不透明的矿物粒料的防水卷材；地下工程防水采用表面隔离材料为细砂的防水卷材。

2. 塑性体改性沥青防水卷材

塑性体改性沥青防水卷材是用热塑性沥青浸渍胎基，两面涂以 APP 改性沥青涂盖层，上表面撒布细砂、矿物粒（片）料或覆盖聚乙烯膜，下表面撒布细砂或覆盖聚乙烯膜所制成的一种改性沥青防水卷材。

APP 改性沥青防水卷材是塑性体改性沥青防水卷材的一种，其胎基有玻纤胎、聚酯胎和玻纤增强聚酯胎三种。

塑性体沥青防水卷材的技术性质与弹性体沥青防水卷材基本相同，而塑性体沥青防水卷材具有耐热性更好的优点，但低温柔性较差。塑性体沥青防水卷材的适用范围与弹性体沥青防水卷材基本相同，尤其适用于高温或有强烈太阳辐射地区的建筑物防水。塑性体沥青防水卷材可用热熔法、自粘法施工，也可用胶黏剂进行冷粘法施工。

（二）合成高分子防水卷材

合成高分子防水卷材是以合成树脂、合成橡胶或两者的共混体为基料，加入适量的化学助剂和添加剂，经特定工序制成的防水卷材（片材），属于高档防水材料。高分子防水卷材种类很多，最具代表性的有以下几种。

1. 三元乙丙橡胶防水卷材（EPDM）

三元乙丙橡胶防水卷材是以三元乙丙橡胶为主要原料，掺入适量的丁基橡胶和多种添加剂（硫化剂、软化剂、填充剂）等制成的高弹性防水卷材。

三元乙丙橡胶防水卷材具有优良的耐高低温性、耐臭氧性，同时抗老化性能好，使用寿命达30年以上，弹性、拉伸性能也极佳等，属于高档防水材料。

三元乙丙橡胶防水卷材适用范围广，适用于建筑工程的外露屋面防水和大跨度、受震动建筑工程的防水，还有地下室、桥梁、隧道等的防水。

2. 聚氯乙烯防水（PVC）卷材

PVC卷材是以聚氯乙烯树脂为主要原料，掺加适量助剂和填充材料加工而成的防水材料，属于柔性防水卷材。

PVC卷材按组成分为均质卷材（代号为H）、带纤维背衬卷材（代号为L）、织物内增强卷材（代号为P）、玻璃纤维内增强卷材（代号为G）、玻璃纤维内增强带纤维背衬卷材（代号为GL）等五类。

均质卷材是不用内增强材料或背衬材料的聚氯乙烯防水卷材。带纤维背衬卷材是用织物如聚酯无纺布等复合在卷材下表面的聚氯乙烯防水卷材。织物内增强卷材是用聚酯或玻纤网格布在卷材中间增强的聚氯乙烯防水卷材。玻璃纤维内增强卷材是在卷材中加入短切玻璃纤维或玻璃纤维无纺布，对拉伸性能等力学性能无明显影响，仅提高产品尺寸稳定性的聚氯乙烯防水卷材。玻璃纤维内增强带纤维背衬卷材是在卷材中加入短切玻璃纤维或玻璃纤维无纺布，并用织物如聚酯无纺布等复合在卷材下表面的聚氯乙烯防水卷材。

PVC卷材抗拉强度高、伸长率大、低温柔韧性好、使用寿命长，同时还具有尺寸稳定、耐热性、耐腐蚀性和耐细菌性等均较好的特性。

PVC卷材主要用于建筑工程的屋面防水，也可用于水池、地下室、堤坝、水渠等防水抗渗工程。PVC防水卷材的施工方法有黏结法、空铺法和机械固定法三种。

3. 氯化聚乙烯–橡胶共混防水卷材

氯化聚乙烯–橡胶共混防水卷材是以氯化聚乙烯与合成橡胶共混物为主

体，加入多种添加剂（硫化剂、稳定剂、软化剂、填充剂）加工而成的高弹性防水卷材。

此类防水卷材兼有塑料和橡胶的特点，具有强度高，耐臭氧性、耐水性、耐腐蚀性、抗老化性好，断裂伸长率高以及低温柔韧性好等特性，因此特别适用于寒冷地区或变形较大的建筑防水工程，也可用于有保护层的屋面、地下室、储水池等防水工程。这种卷材采用胶黏剂冷粘施工。

六、沥青防水涂料

防水涂料（胶黏剂）是以沥青、合成高分子等材料为主体，常温下呈液态，经涂布后通过溶剂的挥发、水分的蒸发或化学反应固化，在结构表面形成坚韧防水膜的材料。防水涂料按成膜物质的主要成分可分为沥青类、高聚物改性沥青类、合成高分子类；根据组分不同，可分为单组分和双组分防水涂料；按涂料的液态类型，可分为溶剂型、水乳型、反应型三种。

1. 冷底子油

冷底子油是用建筑石油沥青加入汽油、煤油、苯等有机溶剂而得到的溶剂型沥青涂料。由于施工后形成的涂膜很薄，一般不单独使用，往往用作沥青类卷材施工时打底的基层处理剂，故称冷底子油。

冷底子油黏度小，具有良好的流动性，涂刷在混凝土、砂浆等表面后能很快渗入基底，溶剂挥发后沥青颗粒则留在基底的微孔中，使基底表面具有憎水性，并具有黏结性，为黏结同类防水材料创造有利条件。

冷底子油常用 30%~40% 的 30 号或 10 号石油沥青与 60%~70% 的有机溶剂（多用汽油）配制，施工时随用随配。

2. 沥青胶

沥青胶是用沥青材料加入粉状或纤维状的矿质填充料均匀拌合而成的混合物。沥青胶按所用材料及施工方法不同可分为热用沥青胶和冷用沥青胶。热用沥青胶是将 70%~90% 的沥青加热至 180~200 ℃，使其脱水后，与 10%~30% 的干燥填料加热混合均匀后，热用施工；冷用沥青胶是将 40%~50% 的沥青熔化脱水后，缓慢加入25%~30%的溶剂，再掺入10%~30%的填料，混合均匀制成，在常温下施工。

沥青胶的技术性能要符合耐热度、柔韧度和黏结力三项要求。

3. 水乳型沥青基防水涂料

水乳型沥青基防水涂料按乳化剂、成品外观和施工工艺的差别分为 AE-1 型、AE-2 型两大类。AE-1 型是以石油沥青为基料，用石棉纤维或其他矿物填充料改性的水乳型沥青厚质防水涂料，如水乳型沥青石棉防水涂料、膨润土沥青乳液、石灰乳化沥青等；AE-2 型是用化学乳化剂配成乳化沥青，掺入用氯丁胶乳或再生橡胶等改性的水乳型沥青基薄质防水涂料，如氯丁胶乳沥青涂料、水乳型再生胶沥青涂料等。

高聚物改性沥青防水涂料是以改性沥青为基料，用合成高分子聚合物进行改性，制成的水乳型或溶剂型防水涂料。这类涂料由于用橡胶进行了改性，所以在柔韧性、抗裂性、拉伸强度、耐高低温性能、使用寿命等方面都比沥青基涂料有很大改善。品种包括再生橡胶改性沥青防水涂料、水乳型氯丁橡胶沥青防水涂料和 SBS 橡胶改性沥青防水涂料等。

合成高分子防水涂料是以合成橡胶或合成树脂为主要成膜物质，加入其他辅料而配制成的单组分或双组分防水涂料，主要有聚氨酯、丙烯酸酯防水涂料等。这类涂料弹性大、耐久性好，具有优良的耐高低温性能。

七、防水油膏

防水油膏是一种非定型的建筑密封材料，也叫密封膏、密封胶、密封剂，是使建筑上各种接缝或裂缝、变形缝（沉降缝、伸缩缝、抗震缝）保持水密性能、气密性能，并具有一定强度，能连接构件的填充材料。

密封材料应具有优良的黏结性、施工性、抗下垂性，以便能在黏结物之间形成连续防水体；应具有良好的弹塑性，这样才能经受建筑构件因各种原因引起的裂缝变形；应具有较好的耐候性、耐水性，这样才能保持长期的黏结性与拉伸压缩循环性能。

选用防水油膏，应根据被黏结基层的材质、表面状态和性质来选择黏结性良好的密封材料；建筑物中不同部位的接缝，对防水油膏的要求不同，如室外的接缝要求具有较高的耐候性；伸缩缝要求具有较好的弹塑性和拉伸压缩循环性能。

1. 丙烯酸酯密封膏

丙烯酸酯密封膏是丙烯酸树脂掺入增塑剂、分散剂、碳酸钙等配制而成的，有溶剂型和水乳型两种。这种密封膏弹性好，能适应一般基层的伸缩变形，具有优异的抗紫外线性能，尤其是对于透过玻璃的紫外线。同时，它具有良好的耐候性、耐热性、低温柔性、耐水性等性能，并且具有良好的着色性。

2. 聚氨酯密封胶（膏）

聚氨酯密封胶（膏）一般用双组分配制，甲组分是含有异氰酸酯基的预聚体，乙组分含有多羟基的固化剂与增塑剂、填充料以及稀释剂等。使用时，将甲乙两组分按比例混合，经固化反应成弹性体。这种密封胶能够在常温下固化，并有着优异的弹性、耐热耐寒性和耐久性，与混凝土、木材、金属、塑料等多种材料有着很好的黏结力，广泛用于各种装配式建筑的屋面板、楼地板、阳台、窗框、卫生间等部位的接缝密封及各种施工缝的密封、混凝土裂缝的修补等。

3. 聚硫密封胶（膏）

聚硫密封胶是以液态聚硫橡胶为主剂，并与金属过氧化物等反应，在常温下形成的弹性密封材料。聚硫密封胶分为高模量低伸长率（A 类）和低模量高伸长率（B 类）两类。聚硫密封胶按流变性能又分为 N 型和 L 型。N 型为用于立缝或斜缝而不坠落的非下垂型；L 型为用于水平缝，能自流平形成光滑平整表面的自流平型。

这种密封材料能形成类似于橡胶的高弹性密封口，能承受持续和明显的循环位移，使用温度范围宽，在 –40~90 ℃的温度范围内能保持它的各项性能指标不变，与金属、非金属材质均具有良好的黏结力。它适用于混凝土墙板、屋面板、楼板等部位的接缝密封，以及游泳池、储水槽、上下水管道等工程的伸缩缝、沉降缝的防水密封，特别适用于金属幕墙、金属门窗四周的防水、防尘密封，因固化剂中常含铅成分，所以在使用时应避免直接接触皮肤。

4. 有机硅密封胶

有机硅密封胶是以有机硅为基料配制成的建筑用高弹性密封胶。有机硅密封胶按用途分为建筑接缝用（F 类）和镶装玻璃用（G 类）两类；按位移能力分为 25、20 两个级别；按拉伸模量分为高弹模（HM）和低弹模（LM）两个次级别。

有机硅密封胶具有优异的耐热性、耐寒性和耐候性，与各种材料有着较好的黏结性，耐伸缩疲劳性强，耐水性好。F 类硅酮建筑密封胶适用于预制混凝土墙板、水泥板、大理石板的外墙接缝，混凝土和金属框架的黏结，卫生间和公路接缝的防水密封；G 类硅酮建筑密封胶适用于镶嵌玻璃和建筑门、窗的密封。

密封材料在储运和保管过程中，应避开火源、热源，避免日晒、雨淋，防止碰撞，保持包装完好无损；外包装应贴有明显的标记，标明产品的名称、生产厂家、生产日期和使用有效期；应分类储放在通风、阴凉的室内，环境温度不应超 50 ℃。

第六章　工程钢材分析

在市政工程中，往往涉及很多建设，这就需要对钢筋、型钢等钢材的使用。本章主要对钢材的种类以及用途、力学性能指标、冷加工强化与时效强化、焊接进行详细的讲解。

第一节　建筑钢材的种类以及用途

一、建筑钢材的种类

建筑钢材的主要钢种有碳素结构钢、优质碳素结构钢和低合金高强度结构钢。

（1）碳素结构钢。碳素结构钢按屈服强度分为 Q195、Q215、Q235、Q275 共四个牌号。每个牌号按其冲击韧性和硫、磷杂质含量由多到少分为 A、B、C、D 四个质量等级：A 级不要求冲击韧性；B 级要求 20 ℃冲击韧性；C 级要求 0 ℃冲击韧性；D 级要求 –20 ℃冲击韧性。

钢的牌号由代表屈服强度的字母、屈服强度数值、质量等级符号、脱氧方法符号等四个部分按顺序组成。例如，Q235AF，Q 为钢材屈服强度“屈”字汉语拼音首字母；A、B、C、D 分别为质量等级；F 为沸腾钢“沸”字汉语拼音首字母；Z 为镇静钢“镇”字汉语拼音首字母；TZ 为特殊镇静钢“特镇”两字汉语拼音首字母。在牌号组成表示方法中，“Z”与“TZ”符号可以省略。

① Q195。该牌号钢材强度不高，塑性、韧性、加工性能与焊接性能较好，主要用于轧制薄板和盘条等以及钢钉、铆钉、螺栓和铁丝等。

② Q215。该牌号钢材与 Q195 钢基本相同，其强度稍高，大量用作管坯、螺栓等。

③ Q235。Q235 强度适中，有良好的承载性，又具有较好的塑性和韧性，可焊性和可加工性也较好，是钢结构常用的牌号，大量制作成钢筋、型钢和钢板，用于建造房屋和桥梁等。Q235 是建筑工程中最常用的碳素结构钢牌号，既具有较高的强度，又具有较好的塑性、韧性，同时还具有较好的可焊性。Q235 良好的塑性可保证钢结构在超载、冲击、焊接、温度应力等不利因素作用下的安全性，故 Q235 能满足一般钢结构用钢的要求。Q235–A 一般用于只承受静荷载作用的钢结构，Q235–B 适用于承受动荷载焊接的普通钢结构，Q235–C 适用于承受动荷载焊接的重要钢结构，Q235–D 适用于低温环境使用的承受动荷载焊接的重要钢结构。

沸腾钢不得用于直接承受重级动荷载的焊接结构，不得用于计算温度等于和低于 –20 ℃的承受中级或轻级动荷载的焊接结构和承受重级动荷载的非焊接结构，也不得用于计算温度等于和低于 –30 ℃的承受静荷载或间接承受动荷载的焊接结构。

④ Q275。Q275 强度更高，硬而脆，适于制作耐磨构件、机械零件和工具，也可以用于钢结构构件。

（2）优质碳素结构钢。按规定，优质碳素结构钢根据锰含量的不同可分为普通锰含量钢（锰含量小于 0.8%）和较高锰含量钢（锰含量为 0.7%~1.2%）两组。

优质碳素结构钢的牌号用两位数字表示，它表示钢中平均含碳量的百分数。如 45 号钢，表示钢中平均含碳量为 0.45%。数字后若有“锰”字或“Mn”，则表示属较高锰含量钢，否则为普通锰含量钢。如 35 Mn 表示平均含碳量为

0.35%，含锰量为0.7%~1.0%。若是沸腾钢或半镇静钢，还应在牌号后面加上“沸”（或F）或“半”（或B）。

优质碳素结构钢成本较高，仅用于重要结构的钢铸件及高强度螺栓等。如用30号、35号、40号及45号钢做高强度螺栓，45号钢还常用作预应力钢筋的锚具。65号、75号、80号钢可用来生产预应力混凝土用的碳素钢丝、刻痕钢丝和钢绞线。

（3）低合金高强度结构钢。根据规定，低合金高强度结构钢分为Q345、Q390、Q420、Q460、Q500、Q550、Q620、Q690共八个牌号。每个牌号根据硫、磷等有害杂质的含量，分为A、B、C、D和E五个等级。低合金高强度结构钢均为镇静钢，其牌号由代表钢材屈服强度的字母“Q”、屈服强度值、质量等级符号三个部分按顺序组成。如Q345B表示屈服强度不小于345 MPa，质量等级为B级的低合金高强度结构钢。当需方要求钢板具有厚度方向性能时，则在上述规定的牌号后加上代表厚度方向（Z向）性能级别的符号。

低合金高强度结构钢的含碳量一般都较低，以便钢材的加工和焊接。其强度的提高主要是靠加入的合金元素结晶强化和固溶强化来实现。采用低合金高强度结构钢的主要目的是减轻结构质量，延长使用寿命。这类钢具有较高的屈服点和抗拉强度、良好的塑性和冲击韧性，具有耐锈蚀、耐低温性能，综合性能好。

低合金高强度结构钢主要用于轧制各种型钢、钢板、钢管及钢筋，广泛用于钢结构和钢筋混凝土结构中，特别适用于各种重型结构、高层结构、大跨度结构及桥梁工程等。

二、常用的建筑钢材

市政工程中常用的钢材有钢筋混凝土结构用钢筋、钢丝和钢结构用型钢两大类。

（1）钢筋。钢筋主要用于混凝土结构，有钢筋混凝土结构用普通钢筋和预应力混凝土用预应力钢筋。钢筋主要有以下几种。

①热轧钢筋。热轧钢筋是钢筋混凝土用普通钢筋的主要品种。从外形上可分为光圆钢筋和带肋钢筋。与光圆钢筋相比，带肋钢筋与混凝土之间的握裹力大，共同工作的性能较好。

热轧光圆钢筋是指经热轧成型，横截面通常为圆形，表面光滑的成品钢筋。牌号由 HPB 加屈服强度特征值构成。HPB 是热轧光圆钢筋的英文缩写。光圆钢筋的种类有 HPB235 和 HPB300。

带肋钢筋指横截面通常为圆形，且表面带肋的混凝土结构用钢材。热轧带肋钢筋的种类有细晶粒热轧钢筋和普通热轧钢筋。

细晶粒热轧带肋钢筋是在热轧过程中，通过控轧和控冷工艺形成的细晶粒钢筋，其晶相组织主要是铁素体加珠光体，不得有影响使用性能的其他组织（如基圆上出现的回火马氏体组织）存在，晶粒度不高于 9 级。

普通热轧钢筋是指按热轧状态交货的钢筋。其金相组织主要是铁素体加珠光体，不得有影响使用性能的其他组织存在。细晶粒热轧钢筋是指在热轧过程中，通过控轧和控冷工艺形成的细晶粒钢筋。其金相组织主要是铁素体加珠光体，不得有影响使用性能的其他组织存在，晶粒度不粗于 9 级。335、400、500 是屈服强度特征值。

②冷轧带肋钢筋。冷轧带肋钢筋采用热轧圆盘条经冷轧而成，表面带有沿长度方向均匀分布的三面或两面的月牙肋。冷轧带肋钢筋的牌号是由 CRB 和钢筋抗拉强度最小值构成的，其中 C、R、B 分别为冷轧、带肋、钢筋三个英文单词的首字母。冷轧带肋钢筋分为 CRB550、CRB650、CRB800、CRB970 四个牌号，分别表示抗拉强度不小于 550 MPa、650 MPa、800 MPa、970 MPa 的钢筋。CRB550 钢筋的公称直径为 4~12 mm。CRB550 为普通钢筋混凝土用

钢筋，其他牌号为预应力混凝土用钢筋。

③冷轧扭钢筋。冷轧扭钢筋是采用低碳热轧圆盘条经专用钢筋冷轧扭机调直、冷轧并冷扭（或冷滚）一次成型具有规定截面形式和相应节距的连续螺旋状钢筋。该钢筋刚度大、不易变形，与混凝土的握裹力大，无须再加工（预应力或弯钩），可直接用于混凝土工程，可节约钢材 30%。使用冷轧扭钢筋可减小板的设计厚度、减轻自重，施工时可按需要将成品钢筋直接供应现场铺设，免除现场加工钢筋，改变了传统加工钢筋占用场地，不利于机械化生产的弊端。冷轧扭钢筋主要适用于板和小梁等构件。

④预应力混凝土用热处理钢筋。预应力混凝土用热处理钢筋是用热轧中碳低合金钢筋经淬火、回火调质处理的钢筋。通常有直径为 6 mm、8.2 mm、10 mm 三种规格，抗拉强度不小于 1 500 MPa，屈服点不小于 1 350 MPa，伸长率不小于 6%。为增加与混凝土的黏结力，钢筋表面常轧有通长的纵筋和均布的横肋。一般卷成直径为 1.7~2.0 m 的弹性盘条供应，开盘后可自行伸直。使用时应按所需长度切割，不能用电焊或氧气切割，也不能焊接，以免引起强度下降或脆断。热处理钢筋的设计强度取标准强度的 80%，先张法和后张法预应力的张拉控制应力分别为标准强度的 70% 和 65%。

预应力混凝土用热处理钢筋的强度高，综合性能好，且开盘后可自然伸直，不需调直。使用时应按所需长度切割，不能用电焊或氧气切割，也不能焊接。其主要用于预应力轨枕、预应力梁等。

预应力混凝土用钢丝与钢绞线具有强度高、柔性好、松弛率低、抗腐蚀性强、无接头、质量稳定、安全可靠等特点，主要用于大跨度屋架及薄腹梁、大跨度吊车梁、桥梁等的预应力结构。

（2）型钢和钢板。钢结构所用钢材主要是型钢和钢板。型钢有热轧和冷轧成型两种，钢板也有热轧和冷轧两种。

①热轧型钢。钢结构常用的型钢有工字钢、H 型钢、T 型钢、槽钢、角钢等。型钢由于截面形式合理，材料在截面上的分布对受力有利，且构件间连接方便，所以是钢结构中采用的主要钢材。

我国钢结构用热轧型钢主要有碳素结构钢和低合金高强度结构钢。在低合金高强度结构钢中，主要采用 Q345 钢、Q390 钢和 Q420 钢，可用于大跨度、高耸结构、承受动荷载的钢结构。

②冷弯薄壁型钢。冷弯薄壁型钢通常是由 2~6 mm 的薄钢板经冷弯或模压而成的，有结构用冷弯空心型钢和通用冷弯开口型钢，按形状有角钢、槽钢等开口薄壁型钢及方形、矩形等空心薄壁型钢，可用于轻型钢结构。

③钢板和压型钢板。钢板是矩形平板状的钢材，可直接轧制成或由宽钢带剪切而成。按轧制温度的不同，钢板分为热轧钢板和冷轧钢板。热轧钢板按厚度分为厚板（厚度大于 4 mm）和薄板（厚度为 0.35~4.00 mm）两种；冷轧钢板只有薄板（厚度为 0.20~4.00 mm）。厚板可用于型钢的连接与焊接，组成钢结构的受力构件。土木工程用钢板的钢种主要是碳素结构钢和低合金结构钢。薄板可用作屋面或墙面等，也可作为薄壁型钢的原料。

钢结构用钢主要是热轧成型的钢板和型钢等。薄壁轻型钢结构中主要采用薄壁型钢、圆钢和小角钢。钢材所用的母材主要是普通碳素结构钢及低合金高强度结构钢。钢结构用钢有热轧型钢、冷弯薄壁型钢、棒材、钢管和板材。

混凝土具有较高的抗压强度，但抗拉强度很低。用钢筋增强混凝土，可大大扩展混凝土的应用范围，而混凝土又对钢筋起保护作用。钢筋混凝土结构的钢筋主要由碳素结构钢和优质碳素钢制成，包括有热轧钢筋、冷轧扭钢筋和冷轧带肋钢筋、预应力混凝土用钢丝和钢绞线。

三、钢材的冶炼

钢材是以铁为主要元素，含碳量一般在 2.06% 以下，并含有其他元素的铁碳合金。建筑钢材是指建筑工程中使用的各种钢材，包括钢结构用各种型材（如圆钢、角钢、工字钢、钢管、板材）和钢筋混凝土结构用钢筋、钢丝、钢绞线等。

钢材是在严格技术条件下生产的材料，它有以下优点：材质均匀，性能可靠，强度高，具有一定的塑性和韧性，具有承受冲击和振动荷载的能力，可焊接、铆接或螺栓连接，便于装配；其缺点是易锈蚀，维修费用大。

钢材的这些特性决定了它是工程建设所需要的重要材料之一。由各种型钢组成的钢结构安全性大，自重较轻，适用于大跨度和高层结构。用钢筋制作的钢筋混凝土结构尽管存在着自重大等缺点，但用钢量大为减少，同时克服了钢材因锈蚀而维修费用高的缺点。在建筑工程中广泛采用钢筋混凝土结构，使钢筋成为最重要的建筑材料之一。

炼钢就是将生铁进行精炼。生铁是由铁矿石、燃料（焦炭）、熔剂（石灰石）在高炉中进行还原反应和造渣反应而得到的一种铁碳合金，其中含有较多的碳、硫、磷、硅、锰等杂质，其性硬而脆，没有塑性，不能进行焊接、锻压、轧制等加工，使用受到很大限制。生铁分为炼钢生铁（白口铁）、铸造生铁（灰口铁）。

炼钢过程中，在提供足够氧气的条件下，通过高炉内的高温氧化作用，部分碳被氧化成一氧化碳气体而逸出，其他杂质则形成氧化物进入炉渣中被除去，从而使碳的含量降低到一定的限度，同时把其他杂质的含量也降低到允许的范围内，改善其技术性能，提高了质量。

根据炼钢设备的不同，常用的炼钢方法分为转炉法、平炉法、电炉法等。

四、钢材的分类

1. 按化学成分分类

钢材按化学成分分为碳素钢和合金钢。

（1）碳素钢。根据其含碳量多少又分为低碳钢（含碳量≤ 0.25%）、中碳钢（0.25%< 含碳量 <0.6%）、高碳钢（含碳量≥ 0.6%）。

（2）合金钢。根据合金元素含量的多少可分为低合金钢（合金元素总质量分数不大于 5%）、中合金钢（合金元素总质量分数为 5%~10%）、高合金钢（合金元素总质量分数大于 10%）。

2. 按质量分类

钢材按质量分为普通质量钢、优质钢和高级优质钢。

3. 按脱氧方法分类

钢在冶炼过程中，不可避免地产生部分氧化铁，并残留在钢水中，降低了钢的质量，因此，在铸锭过程中要进行脱氧处理。脱氧的方法不同，钢材的性能就有所差异，因此，钢材又分为沸腾钢、镇静钢。

（1）沸腾钢。沸腾钢仅用弱脱氧剂锰铁进行脱氧，脱氧不完全，钢的质量差，但成本低。

（2）镇静钢。镇静钢用一定数量的硅、锰和铝等脱氧剂进行彻底脱氧，钢的质量好，但成本高。

4. 按冶炼方法分类

（1）转炉钢。以熔融的铁水为原料，由转炉底部或侧面吹入高压空气，铁水中的杂质与空气中的氧起氧化作用而被除去，这种冶炼方式生产的钢称为空气转炉钢。空气转炉钢的缺点是，吹炼时容易混入氮、氢等杂质，且熔炼时间短，化学成分难以精确控制，铁水中的硫、磷、氧等杂质仍去除不彻底，质量较差。采用纯氧气代替空气冶炼而得到的钢称为氧气转炉钢，它能有效除去硫、磷等杂质，使钢的质量显著提高，但成本也相应提高。

（2）平炉钢。平炉钢是指以固体或液体生铁、铁矿石或废钢为原料，用煤气或重油为燃料，杂质靠铁矿石或废钢中的氧（或吹入的氧）起氧化作用而被除去的钢。冶炼时，杂质轻并浮在表面，对钢水与空气起隔离作用，所以钢中杂质含量少，成品质量高。由于冶炼时间长（4~12 h），清除杂质较彻底，钢材质量好，但成本比转炉钢高。

（3）电炉钢。电炉钢是指用电热进行高温冶炼的钢。其热源是高压电弧，熔炼温度高，温度可自由调节，清除杂质容易，因此电炉钢的质量很好。

5. 按用途分类

钢材按用途可分为结构钢、工具钢、特殊钢。

钢厂在给钢的产品命名时，往往将用途、成分、质量这三种分类方法结合起来，如普通碳素结构钢、优质碳素结构钢、合金结构钢、合金工具钢等。

第二节　普通钢筋的主要力学性能指标

土木工程用钢材的技术性能主要有力学性能和工艺性能。力学性能是钢材最重要的使用性能，包括强度、弹性、塑性和耐疲劳性能等；工艺性能表示钢材在各种加工过程中的行为，包括冷变形性能和可焊接性等。

一、力学性能

1. 抗拉性能

钢材有较高的抗拉性能，抗拉性能是土木工程用钢材的重要性能。由拉力试验测得的屈服点、抗拉强度和伸长率是钢材的重要技术指标。

抗拉强度在设计中虽然不像屈服点那样作为强度取值的依据，但屈服点与抗拉强度的比值却能反映钢材的利用率和安全可靠程度。屈强比小，反映钢材在受力超过屈服点工作时的可靠程度大，因而结构的安全度高。但屈强比太小，钢材可利用的应力值小，钢材利用率低，造成钢材浪费；反之，若屈强比过大，虽然提高了钢材的利用率，但其安全度却降低了。实际工程中选用钢材时，应在保证结构安全可靠的情况下，尽量选用屈强比大的，以提高钢材的利用率。普通低合金钢的屈强比为0.65~0.75。用于抗震结构的普通钢筋实测的屈强比应不低于0.80。

伸长率和断面收缩率是表示钢材塑性大小的指标,在工程中具有重要意义。伸长率过大，断面收缩率过小，钢质软，在荷载作用下结构易产生较大的塑性变形，影响实际使用；伸长率过小，断面收缩率过大，钢质硬脆，当结构受到超载作用时，钢材易断裂；塑性良好（伸长率或断面收缩率在一定范围内）的钢材，即使在承受偶然超载时，钢材通过产生塑性变形而使其内部应力重新分布，从而克服了因应力集中而造成的危害。此外，对塑性良好的钢材，可以在常温下进行加工，从而得到不同形状的制品，并使其强度和塑性得到一定程度的提高。因此，在实际使用中，尤其受动荷载作用的结构，对钢材的塑性有较高的要求。

高碳钢（包括高强度钢筋和钢丝，也称硬钢）受拉时的应力－应变曲线与低碳钢的完全不同。

其特点是没有明显的屈服阶段，抗拉强度高，伸长率小，拉断时呈脆性破坏。这类钢因无明显的屈服阶段，故不能测定其屈服点，一般以条件屈服点代替。条件屈服点是钢材产生0.2%塑性变形所对应的应力值，单位为MPa。

2. 冲击韧性

钢材在瞬间动载作用下，抵抗破坏的能力称为冲击韧性。冲击韧性的大小是用带有V形刻槽的标准试件的弯曲冲击韧性试验确定的。

以摆锤打击试件时，于刻槽处试件被打断，试件单位截面积上所消耗的功，即为钢材的冲击韧性指标，冲击功（也称冲击值）越大表示冲断试件时消耗的功越多，钢材的冲击韧性越好。钢材的冲击韧性受其化学成分、组织状态、轧制与焊接质量、环境温度以及时间等因素的影响。

（1）化学成分与组织状态对冲击韧性的影响。当钢中的硫、磷含量较高，且存在偏析及非金属夹杂物时，冲击值下降。细晶结构的冲击值比粗晶结构的高。

（2）轧制与焊接质量对冲击韧性的影响。试验时沿轧制方向取样比沿垂直于轧制方向取样的冲击值高。焊接件中形成的热裂纹及晶体组织的不均匀分布，使冲击值显著降低。

（3）环境温度对冲击韧性的影响。试验表明，钢材的冲击韧性受环境温度的影响很大。为了找出这种影响的变化规律，可在不同温度下测定其冲击值。

冲击韧性随温度的下降而降低；温度较高时，冲击值下降较少，破坏时呈韧性断裂。当温度降至某一温度范围时，冲击值突然大幅度下降，钢材开始呈脆性断裂，这种性质称为钢材的冷脆性。发生冷脆性时的温度范围，称为脆性转变温度范围。脆性转变温度越低，表明钢材的冷脆性越小，其低温冲击性能越好。

冷脆性是冬季一些钢结构发生事故的主要原因。因此，在负温下使用钢结构时，应评定钢材的冷脆性。由于脆性临界温度的测定较复杂，通常根据气温条件在 20 ℃或 –40 ℃时测定冲击值，以此来推断其脆性临界温度范围。

（4）时间对冲击韧性的影响。随着时间的推移，钢材的强度提高，而塑性和冲击韧性降低的现象称为时效。钢中的氮原子和氧原子是产生时效的主要原因，它们及其化合物在温度变化或受机械作用时加快向缺陷中的富集过程，从而阻碍了钢材受力后的变形，使钢材的塑性和冲击韧性降低。完成时效变化过程可达数十年。钢材如受冷加工而变形，或者使用中受振动和反复荷载的影响，其时效可迅速发展。因时效而导致性能改变的程度称为时效敏感性，时效敏感性的大小可以用时效前后冲击值降低的程度（时效前后冲击值之差与时效前冲击值之比）来表示。时效敏感性越大的钢材，超过时效以后其冲击韧性的降低越显著。为了保证安全，对于承受动荷载作用的重要结构，应当选用时效敏感性小的钢材。

由上可知，钢材的冲击韧性受诸多因素的影响。对于直接承受振动荷载作用或可能在负温下工作的重要结构，必须按照有关规定要求对钢材进行冲击韧性检验。

3. 耐疲劳性

受交变荷载反复作用时，钢材常常在远低于其屈服点应力作用下而突然破坏，这种破坏称疲劳破坏。试验证明，一般钢的疲劳破坏是由应力集中引起的。首先在应力集中的地方出现疲劳裂纹；然后在交变荷载的反复作用下，裂纹尖端产生应力集中而使裂纹逐渐扩大，直至突然发生瞬时疲劳断裂。疲劳破坏是在低应力状态下突然发生的，所以危害极大，往往造成灾难性的事故。

若发生破坏时的危险应力是在规定周期（交变荷载反复作用次数）内的最大应力，则称其为疲劳极限或疲劳强度。

钢材的疲劳极限不仅与其化学成分、组织结构有关，而且与其截面变化、表面质量以及内应力大小等可能造成应力集中的各种因素有关。所以，在设计承受反复荷载作用且必须进行疲劳验算的钢结构时，应当了解所用钢材的疲劳极限。

4. 拉伸性能

拉伸性能是钢材最主要的技术性能，包括屈服强度、抗拉强度、伸长率等重要技术指标。拉伸强度由拉伸试验测出，低碳钢（软钢）是广泛使用的一种材料，它在拉伸试验中表现出的力和变形关系比较典型。

在试件两端施加一个缓慢增加的拉伸荷载，观察加荷过程中产生的弹性变形和塑性变形，直至试件被拉断为止。

低碳钢受拉直至断裂，经历了四个阶段：弹性阶段、屈服阶段、强化阶段和颈缩阶段。

中碳钢与高碳钢（硬钢）的拉伸曲线形状与低碳钢的不同，屈服现象不明显，因此这类钢材的屈服强度用残余伸长为原始标距长度的 0.2% 时所对应的应力（$\sigma_{0.2}$）表示。

5. 冲击韧性

冲击韧性是钢材抵抗冲击荷载而不破坏的能力。已刻槽的标准试件，在冲击试验机摆锤的冲击下，以破坏后断口处单位面积上所消耗的功来表示，符号为 a_K，单位为 J/cm^2。a_K 值越大，冲断试件消耗的能量或者钢材断裂前吸收的能量越多，说明钢材的韧性越好。

影响钢材冲击韧性的因素很多，如钢材的化学成分、冶炼与加工等。一般来说，钢材中的 P、S 含量越高，夹杂物以及焊接过程中形成的微裂纹等都会降低冲击韧性。此外，钢材的冲击韧性还受温度和时间的影响。常温下，随温度的降低，冲击韧性降低得很少，此时破坏的试件断口呈韧性断裂状；当温度降至某一温度范围时，a_K 值突然明显下降，钢材发生脆性断裂，这种性质称为冷脆性，发生冷脆性时的温度（范围）称为脆性临界温度（范围）。低于这一温度时，a_K 值降低的趋势又缓和，但此时 a_K 值很小。在北方严寒地区选用钢材时，必须对钢材的冷脆性进行评定，此时选用钢材的脆性临界温度应比环境最低温度低些。钢材随时间的延长，强度会逐渐提高，冲击韧性下降，这种现象叫作时效。通常，完成时效的过程可达数十年，但钢材如经冷加工或使用中受震动和反复荷载的影响，时效可迅速发展。因时效导致钢材性能改变的程度，称时效敏感性。时效敏感性越大的钢材，经过时效后，冲击韧性的降低就越显著。

6. 硬度

钢材的硬度是钢材表面抵抗局部塑性变形的能力。

测定钢材硬度采用压入法，即以一定的静荷载（压力）把一定的压头压在钢材表面，然后测定压痕的面积或深度来确定其硬度。按压头或压力的不同，可将测量方法分为压入法分布氏法、洛氏法等，相应的硬度指标称布氏硬度（HB）和洛氏硬度（HR）。

二、工艺性能

土木工程用钢材不仅应有优良的力学性能，而且应有良好的工艺性能，以满足施工工艺的要求。冷弯性能和焊接性能是钢材的重要工艺性能。

1. 冷弯性能

钢材在常温下承受弯曲变形的能力称为冷弯性能。钢材冷弯性能指标用试件在常温下所承受的弯曲程度表示。弯曲程度可以通过试件被弯曲的角度和弯心直径对试件厚度（或直径）的比值来表示。试验时，采用的弯曲角度越大，弯心直径对试件厚度的比值越小，表明冷弯性能越好。

按规定的弯曲角度和弯心直径进行试验，试件的弯曲处不产生裂缝、起层或断裂，即为冷弯性能合格。

钢材的冷弯是通过试件受弯处的塑性变形实现的。它和伸长率一样，都反映钢材在静载下的塑性。但冷弯是钢材局部发生的不均匀变形下的塑性，而伸长率则反映钢材在均匀变形下的塑性，故冷弯试验是一种比较严格的检验，它比伸长率更能很好地揭示钢材是否存在内部组织不均匀、内应力和夹杂物等缺陷。这些缺陷在拉伸试验中，常因塑性变形导致应力重分布而得不到反映。

冷弯试验对焊接质量也是一种严格的检验，它能揭示焊件在受弯表面存在的未熔合、微裂纹和夹杂物等缺陷。

2. 焊接性能

在工业与民用建筑中焊接连接是钢结构的主要连接方式；在钢筋混凝土工程中，焊接则广泛应用于钢筋接头、钢筋网、钢筋骨架和预埋件的焊接以及装配式构件的安装。在建筑工程的钢结构中，焊接结构占 90% 以上，因此，要求钢材应有良好的焊接性能。

钢材的焊接方法主要有两种：钢结构焊接用的电弧焊和钢筋连接用的接触对焊。焊接过程的特点是：在很短的时间内达到很高的温度；钢件熔化的体积小；由于钢件传热快，冷却的速度也快，所以存在剧烈的膨胀和收缩。因此，在焊件中常发生复杂的、不均匀的反应和变化，使焊件易产生变形、内应力组织的变化和局部硬脆倾向等缺陷。对焊接性能良好的钢材，焊接后焊缝处的性质应尽可能与母材一致，这样才能获得焊接牢固可靠、硬脆倾向小的效果。

钢的焊接性能主要受其化学成分及含量的影响。当含碳量超过 0.25% 后，钢的焊接性能变差。锰、硅、钒等对钢的焊接性能也有影响。其他杂质含量增多，也会使焊接性能降低。特别是硫能使焊缝处产生热裂纹并硬脆，这种现象称为热脆性。

由于焊接件在使用过程中要求的主要力学性能是强度、塑性、韧性和耐疲劳性，因此，对性能影响最大的焊接缺陷是焊件中的裂纹、缺口和因硬化而引起的塑性和冲击韧性的降低。

采取焊前预热和焊后热处理的方法可以使可焊性较差的钢材的焊接质量得以提高。此外，正确地选用焊接材料和焊接工艺，也是提高焊接质量的重要措施。

3. 钢材的成分对性能的影响

除铁、碳外，钢材在冶炼过程中会从原料、燃料中引入一些其他元素。钢材的成分对性能有重要影响。这些成分可分为两类：一类能改善、优化钢材的性能，称为合金元素，主要有硅、锰、钛、钒、铌等；另一类会劣化钢材的性能，属钢材的杂质，主要有氧、硫、氮、磷等。

硅、锰大部分溶于铁素体中，当硅含量小于 1% 时，可提高钢材的强度，对塑性、韧性影响不大；锰一般含量为 1%~2%，除强化外，能削弱硫和氧引起的热脆性，且改善钢材的热加工性。硅、锰是我国低合金钢的主要合金元素。钛是强脱氧剂，钒、铌是碳化物和氮化物的形成元素，三者皆能细化晶粒，增加强度，在建筑常用的低合金钢中，三者为常用合金元素。

磷主要溶于铁素体中，起强化作用，同时可提高钢材的耐磨性和耐蚀性，但塑性、韧性显著降低，当温度很低时，对后二者影响更大，磷的偏析倾向强烈。氮溶于铁素体中或呈氮化物形式存在，对钢材性质影响与C、P相似。二者在低合金钢中可配合其他元素作为合金元素。硫、氧主要存在于非金属夹杂物中，降低各种力学性能；硫化物造成的低熔点使钢材在焊接时易于产生热裂纹，显著降低可焊性，且有强烈的偏析作用；氧有促进时效倾向的作用，氧化物所造成的低熔点也使钢的可焊性变弱。

三、化学成分对钢材性能的影响

1. 碳

碳元素对钢材的强度、硬度、塑性、韧性影响都很大，是决定钢材性质的主要元素。一般地，随着含碳量的增加，钢材的强度和硬度相应提高，而塑性和韧性相应降低。此外，含碳量过高，还会增加钢材的冷脆性和时效敏感性，降低抗腐蚀性和可焊性。

2. 硅

硅的主要作用是提高钢材的强度，而对钢材的塑性及韧性影响不大。特别是当含量较低（小于1%）时，对塑性和韧性基本上无影响。但当硅的含量超过1%时，其冷脆性增加，可焊性变差。

3. 锰

锰可提高钢材的强度和硬度，几乎不降低塑性和韧性，还可以起到去硫脱氧作用，从而改善钢材的热加工性质。但锰含量较高（大于1%）时，在提高钢材强度的同时，其塑性和韧性有所下降，可焊性变差。锰含量为11%~14%的钢称为高锰钢，具有较高的耐磨性。

4. 磷

磷与碳相似，能使钢材的屈服点和抗拉强度提高，塑性和韧性下降，显著增加钢材的冷脆性。磷还是降低钢材可焊性的元素之一，但磷可使钢材的耐磨性和耐腐蚀性提高。

5. 硫

硫在钢材中以 FeS 形式存在，FeS 是一种低熔点化合物，当钢材在红热状态下进行加工或焊接时，FeS 已熔化，钢材内部因而产生裂纹，这种在高温下产生裂纹的特性称为热脆性。热脆性大大降低了钢材的热加工性和可焊性。此外，硫元素的存在会降低钢材的冲击韧性、疲劳强度和抗腐蚀性，因此钢材中要严格限制硫的含量。

第三节　钢材的冷加工强化与时效强化、焊接

一、钢材的冷加工

钢材在常温下进行的加工称为冷加工。建筑钢材常用的冷加工方式有冷拉、冷拔、冷轧、冷扭、刻痕等。

钢材在常温下进行冷拉、冷拔、冷轧，使其产生塑性变形，强度和硬度提高，塑性和韧性下降的现象，称为冷加工强化。

建筑用钢筋常利用冷加工强化、时效作用来提高强度，增加钢材的品种规格，节约钢材；还可以简化施工工艺，如盘圆钢筋可将开盘、调直、冷拉三道工序合成一道工序，并使钢筋锈皮自行脱落。

二、时效

钢材经冷加工后随时间的延长，强度、硬度提高，塑性、韧性下降的现象，称为时效。钢材在自然条件下的时效是非常缓慢的，但经过冷加工或使用中经

常受到振动、冲击荷载作用时，时效将迅速发展。钢材经冷加工后在常温下搁置 15~20 d 或加热至 100~200 ℃保持 2 h 左右，钢材的屈服强度、抗拉强度及硬度都进一步提高，而塑性、韧性继续降低，直至完成时效过程。前者称为自然时效；后者称为人工时效。一般强度较低的钢材采用自然时效，而强度较高的钢材采用人工时效。

因时效导致钢材性能改变的程度，称为时效敏感性。时效敏感性大的钢材，经时效后，其韧性、塑性改变较大。因此，承受振动、冲击荷载作用的重要结构（如吊车梁、桥梁等），应选用时效敏感性小的钢材。

三、钢材的冷加工强化与时效强化

钢材在常温下进行冷拉、冷拔或冷轧，使其产生塑性变形，从而提高屈服强度，称为冷加工强化。钢材经冷加工强化后，屈服强度提高，塑性、韧性及弹性模量降低。

建筑工程中大量使用的钢筋采用冷加工强化具有明显的经济效益。冷拔钢丝的屈服点可提高 40%~60%。由此可适当减小钢筋混凝土结构设计截面，或减小混凝土中配筋数量，从而达到节约钢材的目的。冷拔作用比纯拉伸的作用强烈，钢筋不仅受拉，而且同时受到挤压作用。

将冷加工处理后的钢筋，在常温下存放 15~20 d，或加热至 100~200 ℃后保持一定时间（2~3 h），其屈服强度进一步提高，且抗拉强度也提高，同时塑性和韧性也进一步降低，弹性模量则基本恢复。这个过程称为时效处理。在常温下存放 15~20 d，称为自然时效，适合用于低强度钢筋；加热至 100~200 ℃后保持一定时间（2~3 h），称人工时效，适合于高强钢筋。

钢材经冷加工和时效处理后强化的原因，一般认为是钢材产生塑性变形后，塑性变形区域内的晶粒产生相对滑移，导致滑移面上的晶粒破碎，晶格畸变，使滑移面变得凹凸不平，从而阻碍变形的进一步发展，提高了抵抗外力的能力，因而屈服强度提高，塑性降低，脆性增大。时效处理后，溶于 α-Fe 中的碳、氮原子向滑移面等缺陷部位移动、富集，使晶格扭曲、畸变加剧，因而强度进一步提高，塑性和韧性进一步下降。

四、钢材的热处理

热处理是按照一定的规程，对钢材进行加热、保温和冷却，使得钢材的性能按要求而改变的过程。热处理可以改变钢的晶体组织和显微结构，或消除由于冷加工在材料内部产生的内应力，从而改变钢材的力学性能。热处理一般仅在钢材生产厂或加工厂进行。在工程现场，有时需要对焊接件进行热处理。常用的热处理方法有淬火、回火、退火和正火等。

（1）淬火。将钢加热到 723~910 ℃（依含碳量而定）的某一温度，保温使其晶体组织完全转变后，立即在水或油中淬冷的工艺过程，称为淬火。淬火后的钢材，强度和硬度大为提高，塑性和韧性明显下降。

（2）回火。将淬火后的钢材在 723℃以下的温度范围内重新加热，保温后按一定速度冷却至室温的过程，称为回火。回火可消除淬火产生的内应力，恢复塑性和韧性，但硬度下降。根据加热温度可将回火分为高温回火、中温回火和低温回火。加热温度越高，硬度降低越多，塑性和韧性恢复越好。在淬火后随即采用高温回火，称为调质处理。经调质处理的钢材，在强度、塑性和韧性方面均有较大改善。

（3）退火。将钢材加热到 723~910 ℃（依含碳量而定）的某一温度，然后在退火炉中保温、缓慢冷却的工艺过程，称为退火。退火能消除钢材中的内应力，改善钢的显微结构，细化晶粒，以达到降低硬度、提高塑性和韧性的目的。冷加工后的低碳钢，常在 650~700 ℃的温度下进行退火，以提高其塑性和韧性。

（4）正火。正火也称为正常化处理，是将钢材加热到 723~910 ℃或更高温度，然后在空气中冷却的工艺过程。正火处理的钢材能获得均匀细致的显微结构，与退化处理相比较，钢材的强度和硬度提高，但塑性较退火小。

五、钢材的焊接

焊接是将两金属的接缝处加热或加压，或两者互溶，以造成金属原子间和分子间的结合，从而使之牢固地连接起来。钢材的焊接是在土木工程中广泛应用的连接方式。钢材的焊接主要有电弧焊和接触对焊。焊接的质量取决于钢材的焊接性能、焊接工艺和焊接材料。

在焊接过程中，钢材在很短时间内达到很高的温度，使局部金属熔融，由于金属的传热性好，所以在被焊接区域，往往伴随温度的急速升高和下降及体积的急剧膨胀和收缩，易产生内应力、变形及内部组织的变化，形成焊接缺陷，如裂纹、气孔、夹杂物等，影响钢材的强度、塑性、韧性和耐疲劳性。因此，必须正确选择焊接方法，控制焊接工艺参数。

焊接质量的检验方法主要有抽取试样试验和非破损检测两类。抽取试样试验是在试验室测试焊接件的力学性能，以观察焊接对钢材的影响。非破损检测则是在结构原位，采用超声、射线、磁力等物理方法，对焊件进行缺陷探伤，以对焊接质量进行评价。

第七章　钢材的热处理技术

在钢制品生产工艺流程中，为了进行冷拔、冲压、切削，或者在加工成型得到设计的形状和尺寸后，需要对工件进行热处理，从而获得所需要的使用性能。钢的组织转变的规律是热处理的理论基础，称为热处理原理，主要包括钢在加热过程中的转变、珠光体转变、马氏体转变、贝氏体转变以及回火转变等。根据热处理原理制定具体加热温度、保温时间和冷却方式等参数就是热处理工艺。

第一节　热处理的作用

热处理是改善金属材料性能的一种重要加工工艺。它将钢在固态下加热到预定的温度，保温一段时间，然后以一定的冷却方式冷却到室温，从而改变钢的内部组织结构、改善其工艺性能和使用性能、充分挖掘钢材的潜力、延长零件的使用寿命、提高产品质量、节约材料和能源。热处理工艺曲线如图 7-1 所示。

热处理工艺还可以消除钢材在铸造、锻造、焊接等热加工过程中出现的某些缺陷，如细化晶粒、消除偏析、降低内应力，使组织和性能更加均匀。

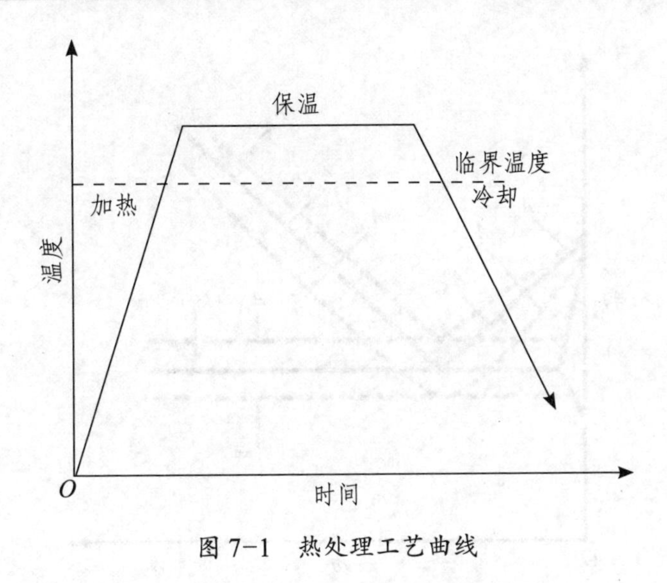

图 7-1　热处理工艺曲线

第二节　钢在加热过程中的转变

一、钢在加热过程中的实际转变点

在讨论钢加热、冷却时的组织转变和各种热处理工艺时，会经常使用到钢的实际临界点的概念。从铁－碳相图可知，各类碳钢在室温时具有不同的组织，但把它们加热到 A_1（PSK 线）以上时，都会发生珠光体向奥氏体的转变，当加热温度超过 A_3（GS 线）和 A_{cm}（ES 线）时，都可成为单一的奥氏体。然而，铁－碳相图中这些固态组织转变的临界点 A_1、A_3、A_{cm} 等是在无限缓慢的加热或冷却条件（即平衡状态）下测得的。在实际生产中的加热或冷却速度下，这些临界点会产生偏移，加热时的实际转变温度总是高于平衡临界点；反之，冷却时的实际转变温度总是低于平衡临界点，即存在过热和过冷现象。为表明钢的实际临界点，在加热时附以符号“c”，例如 A_{c1}、A_{c3}、A_{ccm}；冷却时附以符号“r”，例如 A_{r1}、A_{r3}、A_{rcm} 等，如图 7-2 所示。

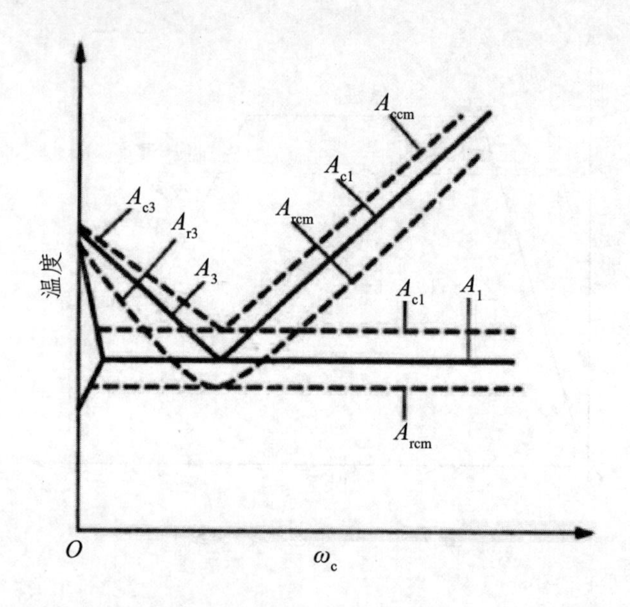

图 7-2　钢在实际加热和冷却过程中的转变点（虚线所示）

二、奥氏体的形成过程

为了使钢在热处理后获得所需要的组织和性能，大多数热处理工艺都必须先将钢加热到临界温度以上，获得奥氏体组织，然后再以适当的方式（或速度）冷却。通常把钢加热获得奥氏体的转变过程称为奥氏体化过程。

（一）奥氏体的形成过程

钢在加热过程中形成的奥氏体的化学成分、均匀性、晶粒大小及加热后未溶入奥氏体中的碳化物、氮化物等过剩相的数量、分布状况等都对钢的冷却转变过程及转变产物的组织和性能具有重要的影响。因此，研究钢在加热过程中奥氏体的形成过程具有重要的意义。

以共析钢为例，说明奥氏体的形成过程。

共析钢在加热时形成奥氏体的过程是由奥氏体形核、奥氏体长大、参与 Fe_3C 溶解及奥氏体均匀化四个基本过程组成的，如图 7-3 所示。

将共析钢加热超过 A_{c1} 温度时，珠光体处于不稳定状态，奥氏体优先在铁素体与渗碳体的相界面处形核，这是由于此处容易满足奥氏体形核所需的成分条件、结构条件和能量条件。奥氏体晶核生成后，立即向渗碳体和铁素体中推进，同时，奥氏体不断长大。奥氏体向两侧的长大速度是不同的，铁素体向奥氏体的转变速度比渗碳体的溶解速度快得多，因此珠光体向奥氏体的转变总是铁素体首先消失。当铁素体全部转变为奥氏体后，总是有部分残余渗碳体未溶解，这些残余渗碳体在继续加热保温过程中不断溶解，直至全部消失。残余渗碳体全部溶解后，奥氏体的成分仍然是不均匀的，原渗碳体处的碳浓度较高，原铁素体处的碳浓度较低。只有继续延长保温时间，使碳充分扩散，才能最终得到成分均匀的奥氏体晶粒。

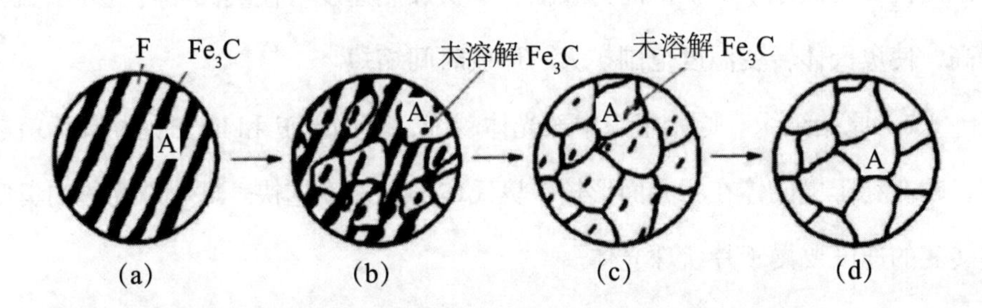

图 7-3　共析钢在加热时奥氏体的形成过程示意图

(a) 奥氏体形核； (b) 奥氏体长大； (c) 参与 Fe_3C 溶解； (d) 奥氏体均匀化

亚共析钢和过共析钢加热时奥氏体的形成过程基本上与共析钢相同，但是具有过剩相转变和溶解的过程。对于亚共析钢和过共析钢来说，加热到 A_{c1} 温度后，都进入两相区，加热温度要超过 A_{c3} 温度或者 A_{ccm} 温度时，才能获得单相的奥氏体组织，因此，过剩相即为铁素体或者渗碳体。

亚共析钢的室温平衡组织为珠光体加铁素体。当加热到 A_{c1} 温度后，珠光体转变为奥氏体，转变过程与共析钢相同。随着加热温度不断升高，铁素体也逐渐转变为奥氏体，当加热到 A_{c3} 温度以上时，铁素体全部转变完毕，得到单一的奥氏体。

过共析钢的室温平衡组织为珠光体加二次渗碳体。当加热到 A_{c1} 温度后，珠光体转变为奥氏体，温度继续升高，二次渗碳体不断向奥氏体溶解。温度超过 A_{ccm} 时，二次渗碳体完全溶解而得到单一的奥氏体，此时奥氏体的晶粒已经开始粗化了。

（二）影响奥氏体形成过程的因素

奥氏体的形成是形核和长大的过程是通过原子扩散来实现的。因此，凡是影响形核、长大和原子扩散的因素都会影响奥氏体的形成速度，其中最主要的是加热条件、原始组织和钢的化学成分。

（1）加热温度和加热速度。提高加热温度会加速奥氏体的形成，这是由于温度提高使碳原子的扩散能力加强；加快加热速度可使奥氏体转变终了温度提高，使奥氏体转变温度范围扩大、形成时间缩短。

（2）原始组织。原始组织中珠光体越细，其内部 F 和 Fe_3C 的相界面就越多，越有利于奥氏体在相界面形核，奥氏体形成速度越快。球状珠光体向奥氏体转变的速度要慢于片状珠光体。

（3）合金元素。大部分合金元素加入钢中会降低奥氏体的形成速度，但并不改变奥氏体形成的基本过程。

三、奥氏体的长大过程

在临界温度以上奥氏体形成过程结束后，如继续提高加热温度或在当前温度下长时间保温，将会发生奥氏体晶粒长大的现象。钢在加热时所形成的奥氏体实际晶粒大小对冷却后的组织和性能有很大的影响。奥氏体晶粒过大会使冷却后的钢材强度、塑性和韧性下降，尤其是塑性和韧性的下降更为显著。

（一）奥氏体的晶粒度

钢的奥氏体晶粒度分为八级，1 级最粗，8 级最细，如图 7-4 所示。将钢制成金相样品，放在 100 倍显微镜下与标准晶粒度等级图进行比较定级。

奥氏体晶粒度分为起始晶粒度、本质晶粒度和实际晶粒度。

1. 起始晶粒度

起始晶粒度是指加热过程中，奥氏体化刚完成时的晶粒大小。一般来说，奥氏体的起始晶粒比较细小，但这种晶粒会随加热温度升高或保温时间延长而长大。

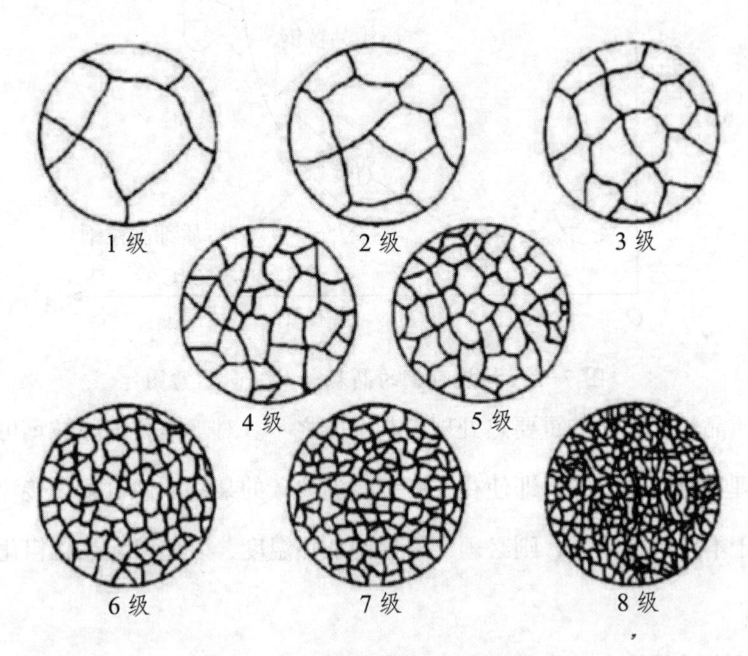

图 7-4　八级奥氏体晶粒度标准圈

2. 本质晶粒度

不同牌号的钢，其奥氏体晶粒的长大倾向是不同的，本质晶粒度表示钢的奥氏体晶粒在规定温度下的长大倾向。通常采用标准（YB27–77）试验方法，把钢加热到（930 ± 10）℃，保温 3~8 h 后测定其奥氏体晶粒大小。晶粒度为 1~4 级的钢称为本质粗晶粒钢，晶粒度为 5~8 级的钢称为本质细晶粒钢。

必须指出，本质晶粒度并不反映钢实际晶粒的大小，只表示在一定温度范围内（930 ℃以下）奥氏体晶粒长大的倾向性。如图 7-5 所示，在 930 ℃以下时，本质细晶粒钢的奥氏体晶粒长大缓慢，但当温度升至更高时，本质细晶粒钢的晶粒也会迅速长大，甚至比本质粗晶粒钢长大得更快；反之，本质粗晶粒钢在加热稍高于临界点时，也可得到细小的奥氏体晶粒。

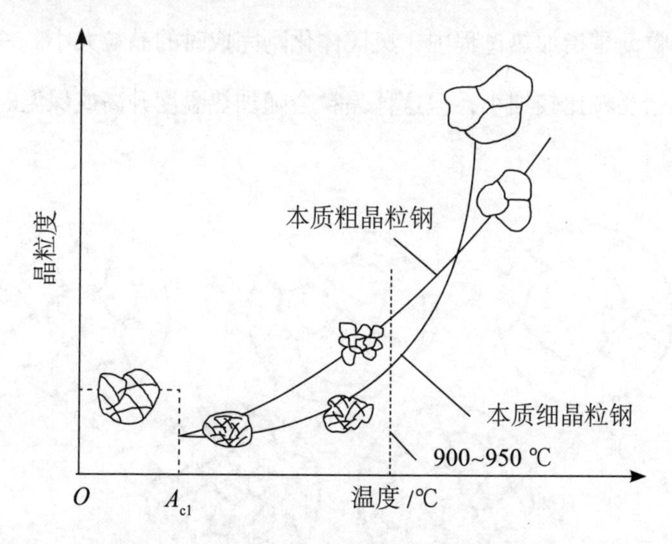

图 7-5　加热时钢的晶粒长大倾向示意图

本质晶粒度是钢的重要热处理工艺性能之一。对于本质细晶粒钢可有较宽的热处理加热温度范围，即使在 930 ℃高温渗碳的某些零件也可直接淬火；相反，对于本质粗晶粒钢，则必须严格控制加热温度，以免引起晶粒粗化而使性能变差。

钢的本质晶粒度与化学成分和冶炼方法有关，一般用铝脱氧的钢为本质细晶粒钢。工业用钢中，优质碳素钢和合金钢大都是本质细晶粒钢，这是由于弥散的 AIN 及 Ti、V、W、Mo 等合金元素形成的碳、氮化物以及氧化物质点可阻碍奥氏体晶粒长大。

3. 实际晶粒度

实际晶粒度指在具体加热条件下得到的奥氏体晶粒大小。实际晶粒度直接影响钢在冷却后的组织和性能。

（二）影响奥氏体晶粒度的因素

加热时奥氏体晶粒长大是一个自发过程，但不同的外界因素可以在不同程度上促进或抑制其长大过程。影响奥氏体晶粒长大的因素主要如下。

（1）奥氏体化温度越高，保温时间越长，晶粒长大越明显，其中加热温度比保温时间的影响更大。

（2）在一定范围内，奥氏体晶粒长大倾向与碳的质量分数有关。因为碳含量增加，碳在奥氏体中的扩散速度也增加。但是当碳超过一定值以后，形成过剩的二次 Fe_3C 将阻碍奥氏体晶粒长大。

（3）钢中的合金元素，凡是能形成稳定碳化物的元素（如 Cr、W、Mo、Nb、V、Zr、Ti）和形成氮化物的元素（如 Al）都会阻碍奥氏体晶粒长大，而 Mn 和 P 则加速奥氏体晶粒长大。

第三节　钢在冷却过程中的转变

一、C 曲线的建立与分析

在钢的热处理过程中，冷却是一道非常关键的工序，在加热、保温时得到的奥氏体以不同的冷却条件冷却会得到性能差异很大的各种组织。根据冷却方法的不同，奥氏体的冷却转变可分为两种，一种是连续冷却转变，另一种是等温冷却转变，如图 7-6 所示。只要选择恰当的冷却方式，便可以获得预期的组织和性能，因此，了解钢在冷却时组织转变的规律很重要。下面先研究共析钢中奥氏体在等温条件下的转变，然后再分析在实际生产中应用较多的连续冷却条件下的转变。

共析钢加热到均匀奥氏体状态后，如果冷却到 A_1 线以下，在热力学上是不稳定的，在一定条件下会发生分解。

在 A_1 以下存在且不稳定的、将要发生转变的奥氏体称为过冷奥氏体。过冷奥氏体的等温冷却转变就是将奥氏体迅速冷却到低于 A_1 的某一温度，并保温足够的时间，使奥氏体在该温度下完成其组织转变的过程。

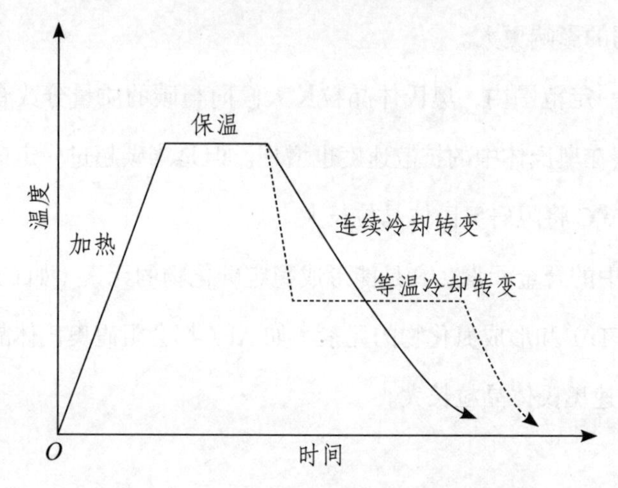

图 7-6　奥氏体的不同冷却方式示意图

过冷奥氏体等温冷却转变曲线是表示过冷奥氏体等温冷却转变时的温度、时间和转变量三者之间的关系曲线图，因曲线的形状与字母“C”相似，故称 C 曲线，也称 S 曲线或 TTT（time temperature transformation）图。

（1）C 曲线的建立。

由于在过冷奥氏体转变过程中，组织转变的同时伴随产生热效应、硬度、比容和磁性等一系列变化，因此测定 C 曲线的方法有金相法、硬度法、磁性法、膨胀法等。现以共析钢为例，说明 C 曲线的建立。

①取一批试样将其进行奥氏体化。

②将其放置在低于 A_1 的不同温度的盐浴中，隔一定时间分别拿出将其淬入水中。

③测出试样在各个等温温度（tx）奥氏体开始（ax）和转变结束（bx）的时间。

将各等温温度的奥氏体转变开始和转变终了的时间点描绘在以温度为纵坐标、以时间为横坐标（以对数表示）的坐标图上，并分别连线，即得到所要测定的 C 曲线，如图 7-7 所示。

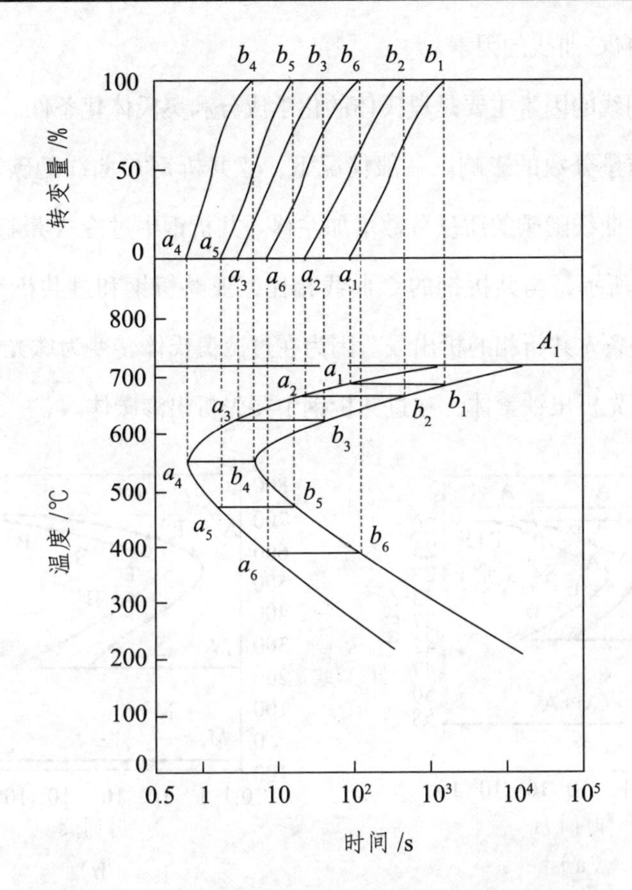

图 7-7　共析钢过冷奥氏体等温转变曲线的建立

（2）C 曲线分析。

① M_s 线和 M_f 线分别是奥氏体向马氏体转变开始和转变终了温度。A_1 至 M_s 之间转变开始线以左的区域为过冷奥氏体区，转变终了线以右和 M_f 点以下为转变产物区，开始转变和转变终了线之间为转变过渡区（过冷 A 与转变产物共存区）。

② C 曲线的纵坐标轴与转变开始线之间的距离称为孕育期。孕育期越长，过冷奥氏体越稳定，转变期也越长。孕育期最短处，过冷奥氏体最不稳定，转变最快，这里称为 C 曲线的“鼻尖”。对于碳钢来说，“鼻尖”处的温度一般为 550 ℃左右。

③过冷奥氏体在不同温度下的产物不同。

（3）影响 C 曲线的因素。

影响 C 曲线的因素主要是奥氏体的化学成分和奥氏体化条件。

①碳的质量分数的影响。一般情况下，亚共析钢 C 曲线随碳增加右移，过共析钢的 C 曲线随碳的质量分数增加左移。共析钢中过冷 A 最稳定。

如图 7-8 所示，与共析钢的 C 曲线相比，亚共析钢和过共析钢的 C 曲线上部各多出一条先共析相的析出线。因为在过冷奥氏体转变为珠光体之前，在亚共析钢中要先析出铁素体，在过共析钢中要先析出渗碳体。

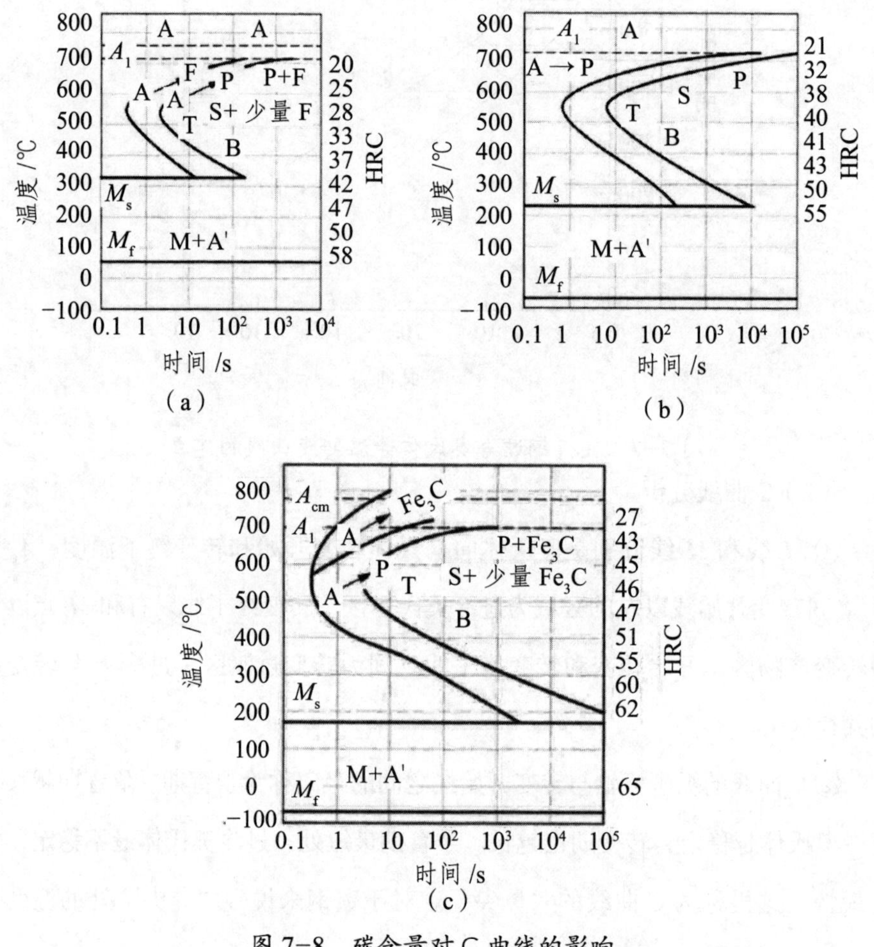

图 7-8　碳含量对 C 曲线的影响

（a）亚共析钢；（b）共析钢；（c）过共析钢

②合金元素的影响。除 Co 外，所有溶解于奥氏体的合金元素都将增加奥

氏体的稳定性，即使 C 曲线右移。但是当合金元素未溶于奥氏体中，而是以碳化物的形式存在时，它们将降低奥氏体的稳定性，即使 C 曲线左移。

③加热温度和保温时间的影响。加热至 A_{c1} 以上温度时，随着奥氏体化温度的提高和保温时间的延长，奥氏体的成分更加趋于均匀，未溶碳化物减少，晶粒长大，晶界面积减小。因此降低了过冷奥氏体在冷却转变时分解的形核率，使奥氏体稳定性增加，使 C 曲线右移。

二、过冷奥氏体的等温转变

随过冷度的变化，过冷奥氏体将发生三种基本类型的转变，即珠光体转变、贝氏体转变和马氏体转变。以共析钢为例进行说明，共析钢的 C 曲线如图 7-9 所示。

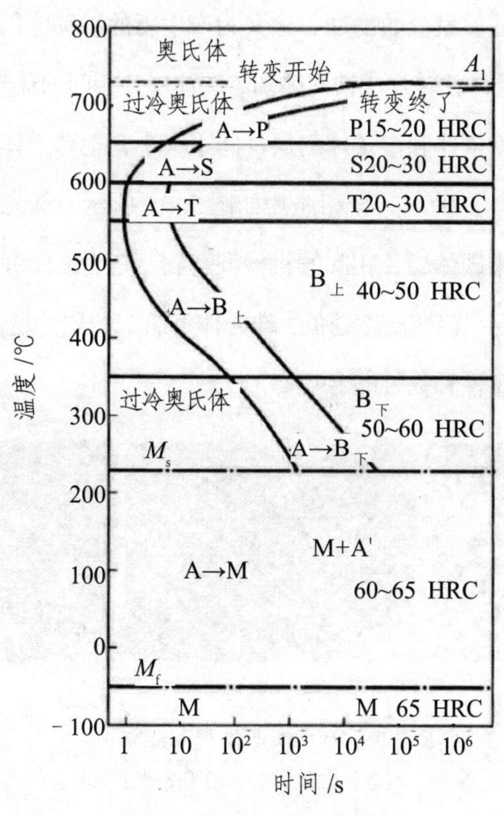

图 7-9　共析钢的 C 曲线

（一）珠光体转变

过冷奥氏体在 A_1 至“鼻尖”（约 550 ℃）温度范围内等温将转变为珠光体组织。因为转变温度较高，铁、碳原子的扩散能够充分进行，使奥氏体分解为成分、结构都与之相差很大的渗碳体和铁素体，由此可见，奥氏体向珠光体的转变属于扩散型相变。

奥氏体转变为珠光体的过程也是形核和长大的过程。当奥氏体过冷到 A_1 以下时，首先在奥氏体晶界处形成渗碳体晶核。通过扩散，渗碳体依靠其周围的奥氏体不断供应碳原子而长大，因而引起渗碳体周围的奥氏体含碳量不断降低，从而为铁素体的形核创造了条件，使这部分奥氏体转变为铁素体。由于铁素体的溶碳能力弱（<0.0218%），长大时必然要向侧面的奥氏体中排出多余的碳原子，使相邻的奥氏体碳的质量分数增加，这又为产生新的渗碳体创造了条件。如此交替进行下去，奥氏体就转变成铁素体和渗碳体层片相间的珠光体组织。

根据珠光体中铁素体和渗碳体的层片间距大小，把珠光体型组织分为珠光体、索氏体和托氏体三种，其金相照片如图 7-10 所示。珠光体、索氏体和托氏体都是铁素体和渗碳体层片相间的机械混合物，三者之间并无本质区别，只是层片厚度不同而已。转变温度越低，珠光体型组织的层片越薄，相界面越多，强度和硬度越高，塑性和韧性略有提高。

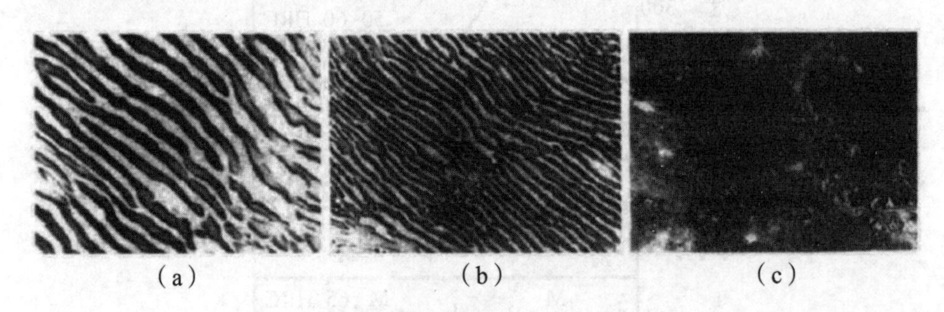

（a）　　　　（b）　　　　（c）

图 7-10　珠光体金相组织

（a）珠光体，700℃等温；（b）索氏体，650℃等温；（c）托氏体，600℃等温

（二）贝氏体转变

贝氏体是过冷奥氏体在C曲线“鼻尖”（约550 ℃）至 M_s 温度之间的等温转变产物，通常用符号 *B* 表示。过冷奥氏体在该温度区间转变时，由于过冷度较大，原子扩散能力下降，这时铁原子已不能扩散，碳原子的扩散也不充分，因此，贝氏体转变是半扩散型相变。

当温度较高（350~550 ℃）时，条状或片状铁素体从奥氏体晶界开始向晶内以同样方向平行生长。随着铁素体的伸长和变宽，其中的碳原子向条间的奥氏体中富集，当碳浓度足够高时，便在铁素体条间断续地析出渗碳体短棒，奥氏体消失，形成典型的羽毛状上贝氏体，如图7-11所示。

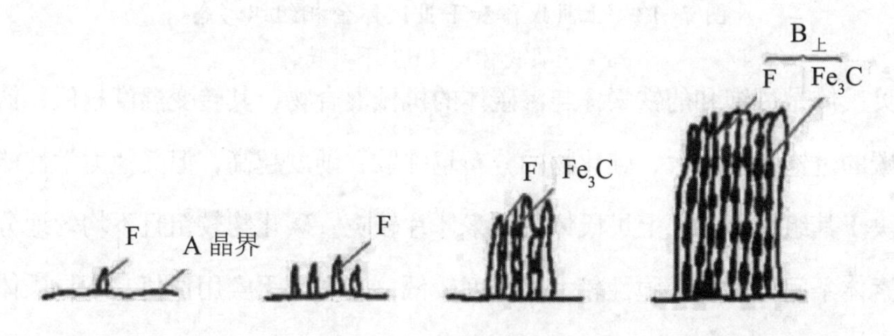

图 7- 11　上贝氏体的形成过程

温度降低（350 ℃至 M_s）时，碳原子扩散能力进一步降低，铁素体在奥氏体的晶界或晶内某些晶面上长成针状，碳原子在铁素体晶内一定的晶面上，以断续碳化物小片的形式析出，从而形成了下贝氏体，如图7-12所示。

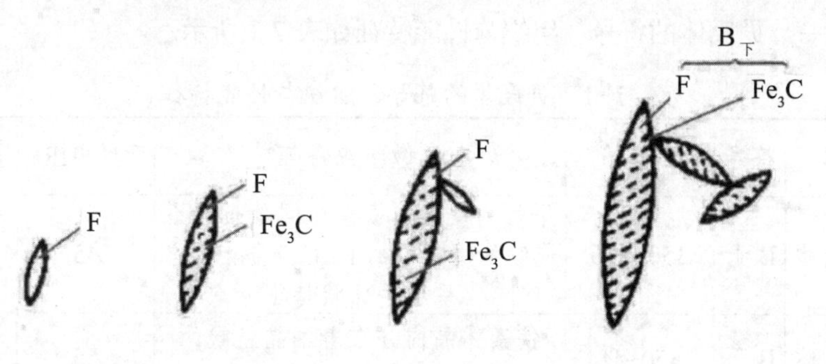

图 7-12　下贝氏体的形成过程

上贝氏体中短杆状的渗碳体分布于自奥氏体晶界向晶内生长的铁素体条间，在光镜下呈羽毛状，如图 7 - 13（a）所示。下贝氏体中碳化物以小片状分布于铁素体针内。在光学显微镜下，下贝氏体呈黑针状，如图 7-13（b）所示。

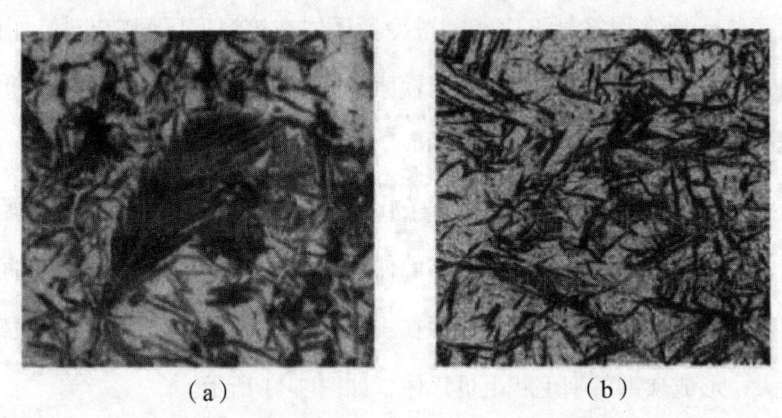

（a）　　　　（b）

图 7–13　上贝氏体和下贝氏体金相组织形态

（a）上贝氏体；（b）下贝氏体

贝氏体是过饱和的铁素体与渗碳体的机械混合物，其转变温度越低，铁素体中碳的过饱和度越大，碳化物的分布越弥散、硬度越高，但其他力学性能主要取决于其组织形态。上贝氏体中铁素体片较宽，碳化物较粗且不均匀地分布在铁素体条间，因此其脆性较大、强度较低，基本上无实用价值。下贝氏体中的针状铁素体对碳有较高的过饱和度，其亚结构是高密度位错，同时细小的碳化物均匀、高度弥散地分布在铁素体晶内（基体或者铁素体片上），因此它除具有较高的强度和硬度外，还具有良好的塑性和韧性，即具有较优良的综合力学性能，是实际生产上希望得到的组织。获得下贝氏体组织是强化钢材的有效途径之一。贝氏体的符号、组织与性能特征如表 7-1 所示。

表 7–1　贝氏体的符号、组织与性能特征

名称	符号	形成温度 /℃	显微组织特征	硬度 /HRC	塑韧性
上贝氏体	B 上	350~550	平行的铁素体板条之间分布着不连续的短杆状的 Fe_3C，金相形态呈羽毛球状特征	45	差
下贝氏体	B 下	350~M_s	铁素体晶内分布着细晶粒状的 Fe_3C，金相形态呈黑色针状特征	55	较好

（三）马氏体转变

当奥氏体快速冷却到 M_s 点以下时（共析钢约为 230 ℃），将发生马氏体转变。

（1）马氏体的晶体结构特点。马氏体转变的温度较低，铁、碳原子均不能扩散，转变时只发生 $\gamma-\alpha$ 晶格改组，没有成分的变化，即固溶在过冷奥氏体中的碳全部保留在 α 晶格中，使 $\alpha-Fe$ 超过其平衡含碳量。因此，马氏体是碳在 $\alpha-Fe$ 中的过饱和固溶体，用符号“M”表示。

（2）马氏体的组织形态特点。马氏体通常有两种形态，即板条状马氏体和针状马氏体。板条状马氏体的立体形态呈细长的扁棒状，显微组织表现为一束束的细条状组织，每束内的条与条之间尺寸大致相同并平行排列。一个奥氏体晶粒内可以形成几个取向不同的马氏体束，如图 7-14（a）所示。马氏体板条的亚结构主要是高密度位错，因而又称位错马氏体。

针状马氏体的立体形态呈双凸透镜的片状，在光学显微镜下呈针状形态。在透射电子显微镜下观察表明，其亚结构主要是孪晶，故又称孪晶马氏体，如图 7-14（b）所示。

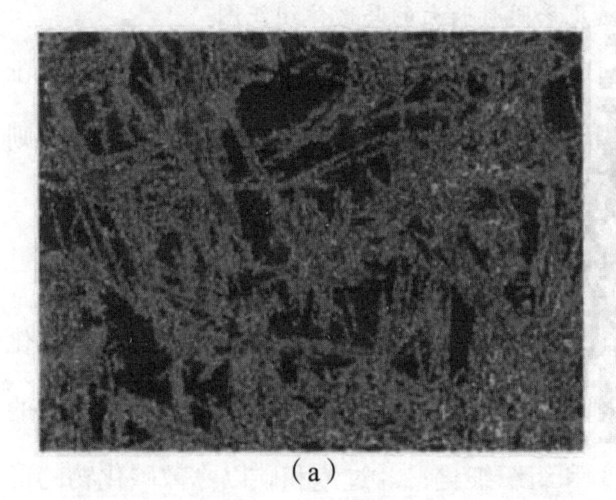

（a）

（b）

图 7-14　板条状马氏体和针状马氏体金相组织形态

（a）板条状马氏体；（b）针状马氏体

在一个奥氏体晶粒内，先形成的马氏体片横贯整个晶粒，但不能穿越晶界和孪晶界，后形成的马氏体片不能穿越先形成的马氏体片，所以越是后形成的马氏体片就越小。如图 7-15 所示为激光焊热影响区快速冷却时形成的马氏体组织（扫描电镜下观察），虽然是连续冷却时形成的马氏体组织，但是可以说明马氏体快速形核并快速长大贯穿整个奥氏体晶粒。显然，奥氏体晶粒越细，转变后得到的最大马氏体片的尺寸也就越小。将最大马氏体片细小到在光学显微镜下都无法分辨时的马氏体组织称为隐晶马氏体。

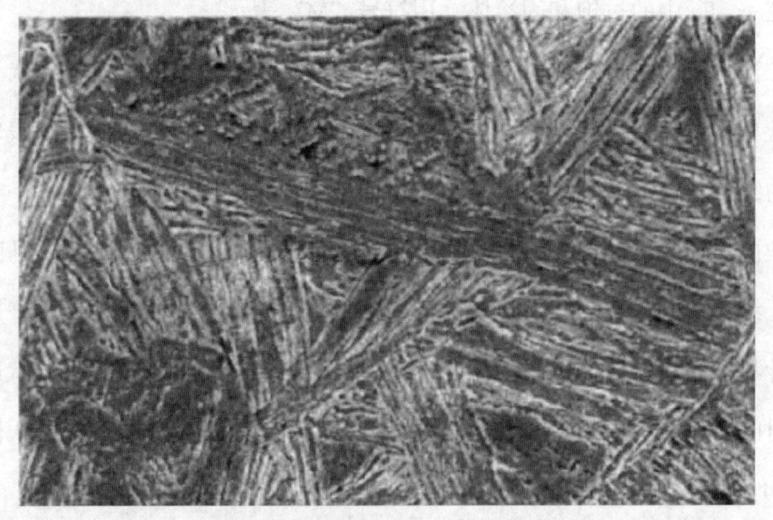

图 7-15　快速形核几乎同时长大的马氏体组织图

马氏体的形态主要取决于奥氏体的碳的质量分数。当碳的质量分数小于 0.2% 时，组织中几乎完全是板条状马氏体；当碳的质量分数大于 1.0% 时，则几乎全部是针状马氏体，碳的质量分数介于 0.296%~1.000% 时，为板条状马氏体和针状马氏体的混合组织。

（3）马氏体的力学性能特点。高硬度是马氏体性能的主要特点，其强化机制如下：①过饱和碳引起的品格畸变，即固溶强化；②马氏体转变时造成的大量晶体缺陷（如位错、孪晶等）和组织细化；③过饱和碳以弥散碳化物的形式析出引起析出强化。

马氏体的硬度主要受碳的质量分数的影响。随着碳的质量分数增加，马氏体的硬度增加。当碳的质量分数超过0.6%以后，硬度的增加趋于平缓，如图7-16所示。合金元素对马氏体的硬度影响不大。

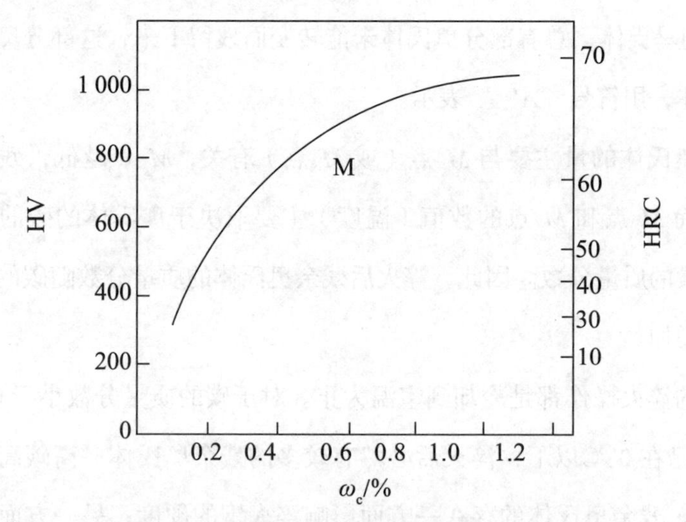

图7-16　马氏体硬度与碳的质量分数的关系

马氏体的塑性和韧性主要取决于其内部亚结构的形式和碳的过饱和度。高碳马氏体的碳过饱和度大、晶格畸变严重、晶内存在大量孪晶，且形成时相互接触撞击容易引起显微裂纹等，因此其硬度虽高，但脆性大，塑性和韧性都很差。

低碳马氏体的亚结构主要是高密度的位错，碳的质量分数低，形成温度较高，会产生“自回火”现象，析出的碳化物弥散均匀地分布在铁素体基体上，因此，低碳马氏体在具有高强度的同时还具有良好的塑性和韧性。

（4）马氏体的转变特点。①无扩散性：马氏体转变需要的过冷度大，转变温度低，铁原子和碳原子的扩散很困难。由此可知，马氏体转变是非扩散型相变，转变过程中没有成分变化，马氏体的碳的质量分数与母相奥氏体的碳的质量分数相同。②变温形成：马氏体转变有开始转变温度（M_s点）和转变终了温度（M_f点）。当过冷奥氏体冷到M_s点，即发生马氏体转变时，转变量随温度的下降而不断增加。一旦冷却中断，马氏体转变便很快停止，如果继续冷却，马氏体转变可以继续进行。③高速长大：马氏体转变没有孕育期，形成速度很快，即瞬间形核，瞬间长大。马氏体转变量的增加，不是靠马氏体片的继续长大，而是靠马氏体片的不断形成（形核）。④马氏体转变的不完全性：一般来说，奥氏体向马氏体的转变是不完全的，即使冷却到 M_f 点，也不可能获得 100% 的马氏体，总有部分奥氏体未能转变而残留下来，这部分奥氏体称为残余奥氏体，用符号“A′ ”表示。

残余奥氏体的量主要与 M_s 点（或 M_f 点）有关，M_s 点越低，残余奥氏体量越多。而 M_s 点和 M_f 点的数值（温度）主要取决于奥氏体的碳的质量分数及合金元素的质量分数。因此，淬火后残余奥氏体的质量分数随碳的质量分数的增加而增加。

一般的淬火操作都是冷却到室温为止。对于碳的质量分数小于 0.5% 的碳钢，M_f 点已在 0 ℃以下，淬火后必然有较多的残余奥氏体。高碳高合金钢的 M_f 点更低。残余奥氏体的存在一方面影响淬火钢的硬度；另一方面它是一种亚稳定的组织，在时间延长或条件适合时，会继续转变为马氏体，由于转变时伴有比容的变化，产生体积效应，由此会影响工件尺寸的长期稳定性。因此，对于某些精密零件（如量具、滚珠轴承等）常进行冷处理（在 –80 ℃以下进行转变），尽量消除残余奥氏体。

三、过冷奥氏体的连续冷却转变

在实际生产中，过冷奥氏体的转变大多是在连续冷却过程中进行的，因此连续冷却转变曲线对于选材及确定其热处理工艺具有实际意义。连续冷却转变曲线又称 CCT（continuous cooling transformation）曲线，是通过测定不同冷却速度下过冷奥氏体的转变量而得到的，因此它表示冷却速度与过冷奥氏体转变产物及其转变量之间的关系。

共析钢的 CCT 曲线中无贝氏体转变区，珠光体转变区下部多一条转变中止线 K，PS、PZ 分别为奥氏体转变为珠光体的开始线和终了线。当 CCT 曲线碰到转变中止线 K 时，过冷奥氏体中止向珠光体型组织转变，继续冷却一直保持在 M_s 点以下，剩余的奥氏体将转变为马氏体，如图 7-17 所示。应当注意，无论是亚共析钢还是过共析钢，在 CCT 曲线中的珠光体转变之前都有一个先析出相，亚共析钢的先析出相为铁素体（F），而过共析钢的先析出相为 Fe_3C，如图 7-18 所示。

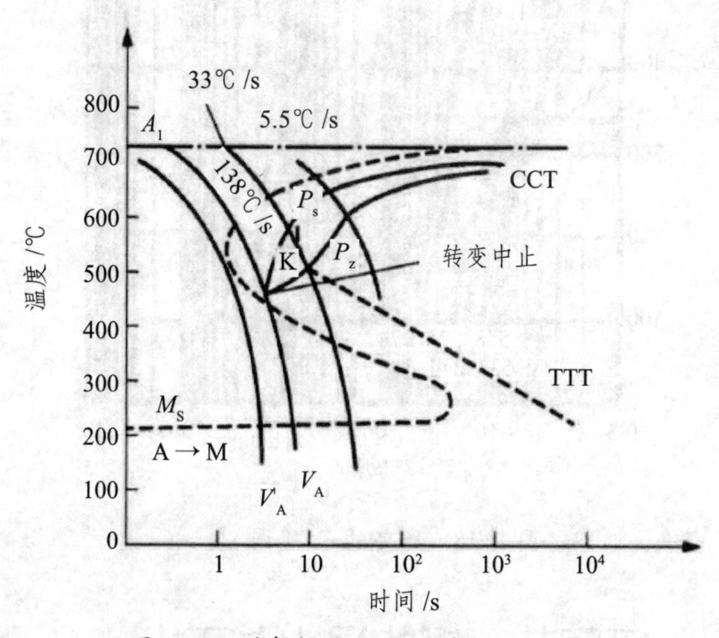

图 7-17　共析钢的 CCT 曲线与 TTT 曲线比较

如果要了解过冷奥氏体在不同冷却速度下（连续冷却）获得的组织与性能，就应该使用 CCT 曲线。利用 CCT 曲线，可以获得真实的临界淬火冷却速度，制定正确的冷却规范并预估冷却后的组织性能。图 7-18 为 45 钢的 CCT 图，图中冷却速度曲线与 CCT 曲线转变终了线相交的数字表示已转变组织组成物所占体积百分数，冷却速度曲线下端的数字为室温组织的平均硬度值。如图 7-18 中右上角的冷却速度曲线上的 45 和 55 表示有 45% 的过冷奥氏体转变成了铁素体，有 55% 转变成了珠光体，室温组织平均硬度为 179 HV。

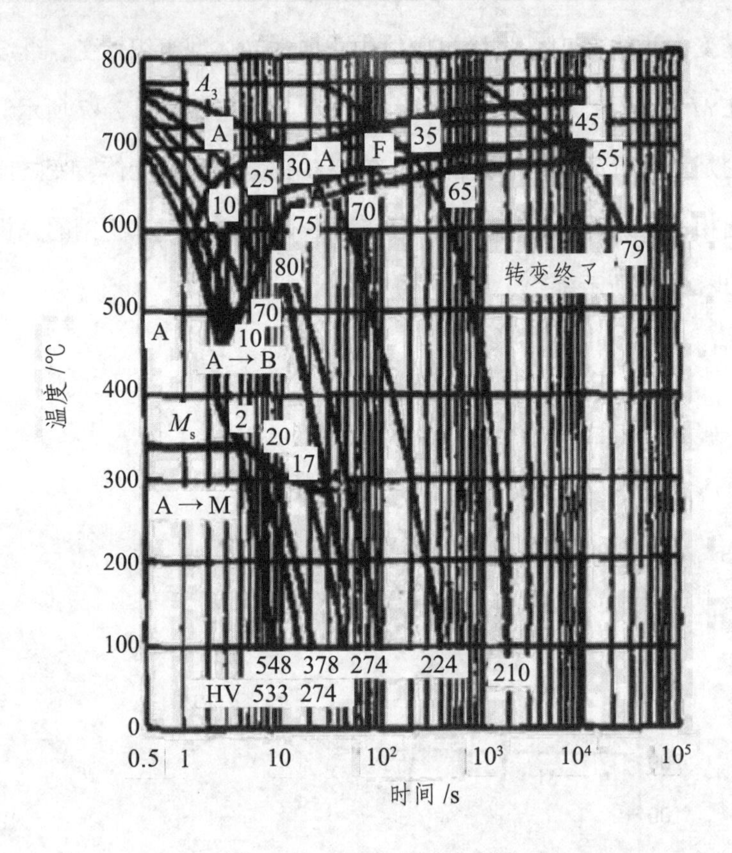

图 7-18　45 钢的 CCT 图

第四节　钢的退火与正火

一般机械零件的加工工艺路线如下：

毛坯（铸、锻）—预先热处理—切削加工—最终热处理—磨削加工。

退火和正火通常作为预先热处理，对工件要求不高时，也可作为最终热处理。

退火和正火的主要目的如下：

第一，消除铸、锻、焊等工序所造成的组织缺陷，细化晶粒，改善组织，提高力学性能。

第二，调整硬度以利于切削加工。经铸、锻、焊等加工工艺制造的毛坯，常出现硬度偏高、偏低或不均匀现象，可适当采用退火或正火将硬度调整到170~250 HBS，从而改善切削加工性能。

第三，消除残余内应力，防止工件变形。

第四，为最终热处理（淬火回火）做好组织准备。

一、退火

退火是将钢加热到临界点以上或以下，保温后缓慢冷却（一般是炉冷）的一种热处理工艺。退火的工艺方法有完全退火、等温退火、球化退火、均匀化退火、去应力退火和再结晶退火等。前四种退火的加热温度均在临界点以上，后两种在临界点以下。退火和正火的加热温度范围如图 7-19 所示。

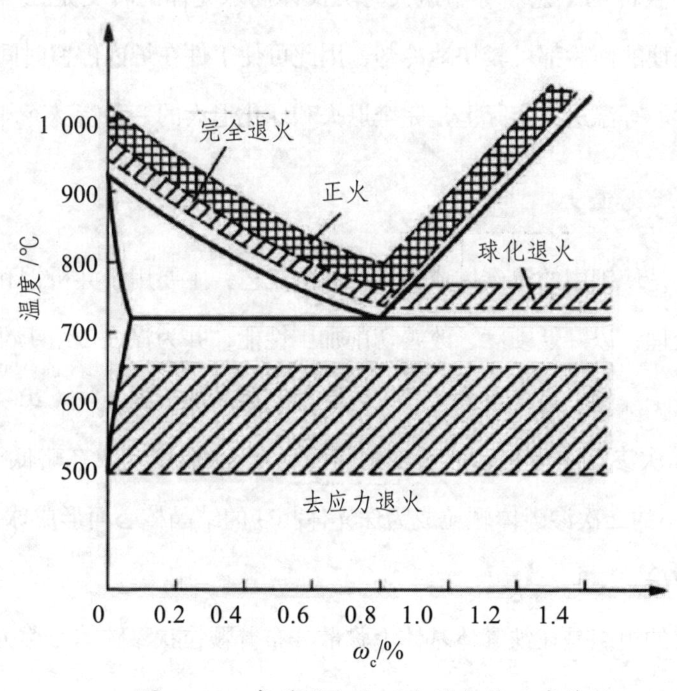

图 7−19　各种退火和正火的加热温度范围

（一）完全退火

完全退火又称重结晶退火，通常把钢制品加热到 A_{c3}+（30~50）℃，保温后随炉缓冷到 500 ℃出炉空冷。完全退火主要用于亚共析钢铸、锻件及热轧型材，以改善组织、细化晶粒、降低硬度、消除内应力。亚共析钢退火后的组织为珠光体和铁素体，过共析钢完全退火后二次渗碳体会以网状析出，影响钢的性能。

（二）等温退火

等温退火是将钢制品加热到 A_{c3}+（30~50）℃（亚共析钢）或 A_{c1}+（30~50）℃（过共析钢），保温后冷到 A_{r1} 以下某一温度，并在此温度下等温停留，待相变完成后出炉空冷的工艺。等温退火时奥氏体向珠光体的转变是在恒温下完成，而等温处理的前后都可较快地冷却，因此可使工件在炉内停留时间大大缩短而节省工时。等温退火实际上是完全退火和球化退火的一种特殊冷却方式。

（三）球化退火

球化退火是使钢中的渗碳体成为颗粒状的工艺，主要用于共析钢和过共析钢的预先热处理，以降低硬度、改善切削加工性能，并为淬火做组织准备。球化退火实际上是一种不完全退火，其工艺是把钢制品加热到 A_{c1}+（20~40）℃，充分保温使二次渗碳体球化，然后随炉缓冷，在 A_{r1} 温度，或在略低于 A_{r1} 温度等温，使细小的二次渗碳体颗粒成为珠光体相变的结晶核心而形成球化组织，之后再出炉空冷。

球化退火的组织是在铁素体基体上弥散分布着颗粒状渗碳体，称为球状珠光体，如图 7-20 所示。

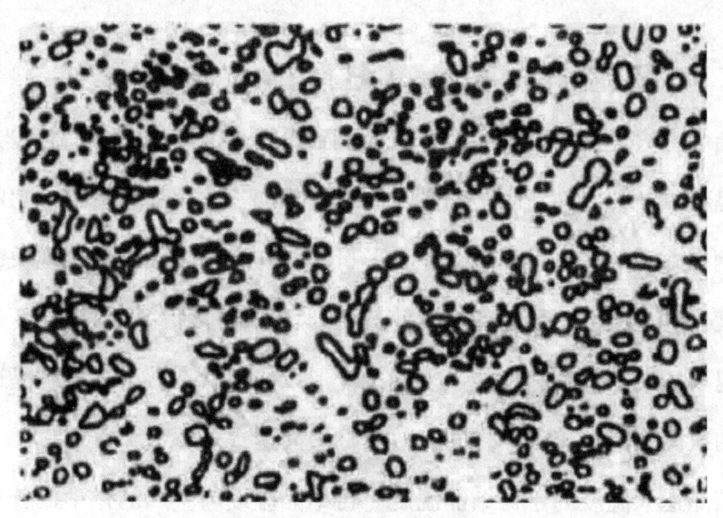

图 7-20　球状珠光体组织

对于有较严重网状二次渗碳体存在的过共析钢，在球化退火前，应先进行正火处理，以消除网状二次渗碳体，便于球化。球化组织塑性好，有利于冷镦，因此对冷镦工艺生产的低碳钢或低碳合金钢螺栓、螺母和铆钉通常采用球化退火工艺。

（四）均匀化退火

均匀化退火通常将钢加热到略低于固相线的温度 1 050~1 150 ℃，长时间保温 10~20 h，然后缓慢冷却，以消除成分偏析。均匀化退火主要用于合金钢，特别是高合金钢的钢锭和铸件。但是，因为均匀化退火工艺的加热温度高，会造成晶粒粗大，随后往往要经过一次完全退火或正火来细化晶粒。

（五）去应力退火

去应力退火通常将工件随炉加热至 A_{c1} 以下某一温度（一般是 500~650 ℃），保温后缓冷至 200~300 ℃以下出炉空冷。由于加热温度低于 A_{c1}，钢在去应力退火过程中不发生组织变化。主要目的是消除工件在铸、锻、焊和切削加工过程中产生的内应力，稳定尺寸，减少变形。

（六）再结晶退火

再结晶退火是将冷变形后的金属加热到再结晶温度以上,保温适当时间后，使变形晶粒重新转变为新的等轴晶，同时消除加工硬化和残余内应力的热处理工艺。钢在冷变形加工过程中，随变形量的增加会产生加工硬化现象，钢的强度、硬度升高，塑性、韧性降低，使其切削加工性能和冷变形性能变差。经过再结晶退火，钢的组织和性能恢复到冷变形以前的状态。由于再结晶退火一般安排在两次冷变形加工工序之间，故又称中间退火。

再结晶退火温度高于再结晶温度。再结晶温度与金属的化学成分和冷变形量有关，纯铁的再结晶温度为 450 ℃，纯铜为 270 ℃，纯铝为 100 ℃。一般来说，变形量越大，金属的再结晶温度越低，再结晶退火温度也越低。当金属处于临界变形温度时，再结晶晶粒将异常粗大，金属的塑性将显著降低。一般钢材的再结晶退火温度为 650~700 ℃，保温时间为 1~3 h，冷变形钢再结晶退火后通常在空气中冷却。

二、正火

正火是将钢加热到 A_{c3}（亚共析钢）或 A_{cm}（过共析钢）以上 30~50 ℃，保温后在空气中冷却得到以索氏体组织为主的热处理工艺。

与退火相比，正火冷却速度较快，转变温度较低，获得的珠光体型组织比较细小，钢的强度、硬度也较高。对于碳的质量分数小于 0.6% 的碳钢正火后的组织为索氏体和少量铁素体，碳的质量分数大于 0.6% 的碳钢正火后的组织则为索氏体。

正火的主要目的如下：

（1）作为低、中碳钢的预先热处理，正火后可获得合适的硬度，改善切削加工性，并为淬火做组织准备。

（2）消除过共析钢的网状二次渗碳体，为球化退火做组织准备。

（3）消除中碳结构钢铸、锻、焊等热加工工件的魏氏组织、晶粒粗大等过热组织缺陷，细化晶粒、均匀组织、消除内应力。

（4）作为普通结构零件的最终热处理，使之达到一定的综合力学性能，在某些场合可以代替调质处理。

三、正火与退火的选择

退火和正火的目的相似，在生产中如何合理地选择，可以从下面几方面加以考虑。

（1）切削加工性。一般来说，钢的硬度为160~230 HBS，组织中无大块铁素体时，切削加工性较好。因此，对低、中碳钢宜用正火；高碳结构钢和工具钢，以及含合金元素较多的中碳合金钢，则选择退火为宜。

（2）使用性能。对于性能要求不太高，随后拟不再进行淬火回火的普通结构件，可用正火来提高力学性能。

（3）经济性。正火比退火的生产周期短，设备利用率高，节能省时，操作简便，故在可能情况下，优先采用正火。

第五节　钢的淬火

将钢加热到A_{c3}或A_{c1}以上30~50 ℃，保温后快速冷却，获得以马氏体或下贝氏体组织为主的热处理工艺。

淬火的目的是与回火相配合，赋予工件最终使用性能。例如，高碳工具钢淬火后低温回火可得到高硬度、高耐磨性；中碳结构钢淬火后高温回火可得到强度、塑性、韧性良好配合的综合力学性能等。

一、淬火温度的选择

碳素钢的淬火加热温度可以通过 $Fe\text{-}Fe_3C$ 状态图来确定，如图 7-21 所示。

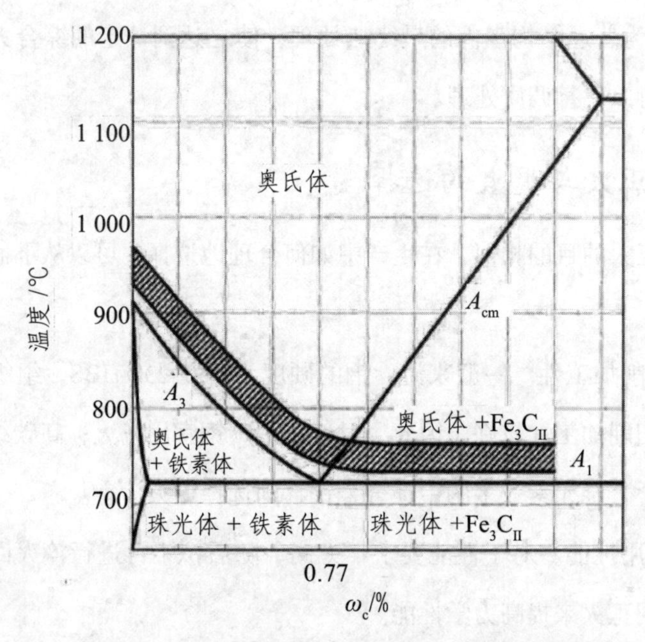

图 7-21　碳素钢的淬火加热温度选取范围

亚共析碳钢的淬火加热温度为 A_{c3}+（30~50）℃，淬火后获得细小的马氏体组织。若淬火温度过高，会使马氏体粗大，并增加工件变形和开裂倾向；若淬火温度过低，则淬火组织中将出现未溶解的自由铁素体，降低钢的强度和硬度；如处理得当，在 A_{c1}~A_{c3} 之间加热进行亚温淬火，可以改善韧性，是一种强韧化处理的方法。

过共析钢的淬火组织为细小的马氏体、均匀分布的粒状渗碳体和少量残余奥氏体。粒状渗碳体的存在可提高钢的硬度和耐磨性。如果把淬火温度升高到 A_{cm} 以上，会使渗碳体完全溶解消失，引起奥氏体的晶粒长大，钢的 M_s 点也因奥氏体含碳量增加而降低，使淬火后的马氏体变得粗大，残余奥氏体量增多。这不仅降低了钢的硬度和耐磨性，还会使脆性增加，氧化脱碳和变形开裂倾向也变得严重。

合金钢的淬火温度根据其临界点来选定。由于大多数合金元素都阻碍碳的扩散，它们本身的扩散也较困难，因此，为了使合金元素充分溶解和均匀化，淬火温度比碳钢高，一般为临界点以上 50~100 ℃，某些高合金钢会更高一些。

二、淬火介质

冷却是影响淬火工艺的重要因素之一。为了获得马氏体组织，淬火冷却速度必须大于钢的临界冷却速度 V_k。但是，快速冷却不可避免地会产生很大的内应力，往往会引起工件的变形和开裂。

要想既得到马氏体又尽量避免变形和开裂，理想的淬火冷却曲线应如图 7-22 所示，即在 C 曲线鼻尖附近（550~650 ℃）快冷，使冷却速度加快，而在 M_s 点附近（200~300 ℃）缓冷，以减少马氏体转变时产生的内应力。

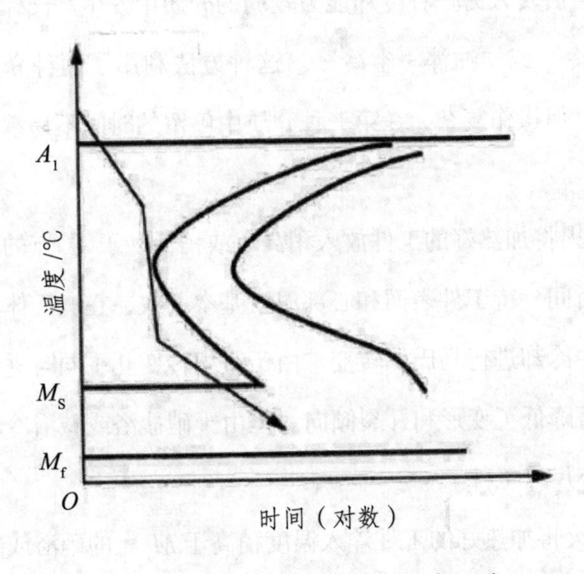

图 7–22　理想的淬火冷却曲线

常用的淬火介质如下：

（1）水和盐水。高温冷却能力强，低温区冷速太快，不利于减少变形和开裂，适用于形状简单、截面尺寸较大的碳钢制品。

（2）机油。在低温区有较理想的冷却能力，但在高温区的冷却能力不足，因此只适用于合金钢或小尺寸的碳素钢工件。

（3）盐浴和碱浴。盐浴和碱浴主要供等温淬火、分级淬火之用。为了满足各种钢淬火工艺的要求，国内外还开发了一些新型淬火介质，如聚乙烯醇、聚二醇等。到目前为止，还找不到一种完全符合要求的理想淬火剂，在生产中通常采用不同淬火方法来弥补这方面的不足。

三、常用的淬火方法

（1）单介质法将加热好的工件直接放入一种淬火介质中冷却，如碳钢的水淬，合金钢的油淬等。这种淬火方法操作简便，易实现机械化与自动化。为减小淬火应力，可采用“预冷”，即先在空气中冷却一下，再置于淬火介质中。

（2）双介质法将加热好的工件先在一种冷却能力较强的介质中冷却，避免珠光体转变，然后转入另一种冷却能力较弱的介质中发生马氏体转变。常用的有“水淬＋油冷”或“油淬＋空冷”。这种方法利用了两种介质的优点，淬火条件较理想，但操作复杂，在第一种介质中停留的时间不易掌握，需要有丰富的经验。

（3）分级淬火将加热好的工件放入稍高（或稍低）于 M_s 点的硝盐浴或碱浴中，停留一段时间，待工件表面和心部温度基本一致，在奥氏体开始分解之前取出，在空气中冷却进行马氏体转变。由于组织转变几乎同时进行，因此减少了内应力，显著降低了变形和开裂倾向。但由于硝盐浴或碱浴冷却能力不够大，故只适用于小尺寸工件。

（4）等温淬火将加热好的工件淬入温度稍高于 M_s 点的硝浴或碱浴中冷却并保持足够时间，使过冷奥氏体转变为下贝氏体组织，然后再取出在空气中冷却。等温淬火处理的零件强度高，韧性和塑性好，即具有良好的综合力学性能。同时因其淬火应力小，变形小，多用于形状复杂和要求较高的小零件。

（5）局部淬火对只要求局部硬化的工件，可进行局部加热淬火，以避免其他部分产生变形和开裂，如图 7 - 23 所示为卡规的局部淬火。

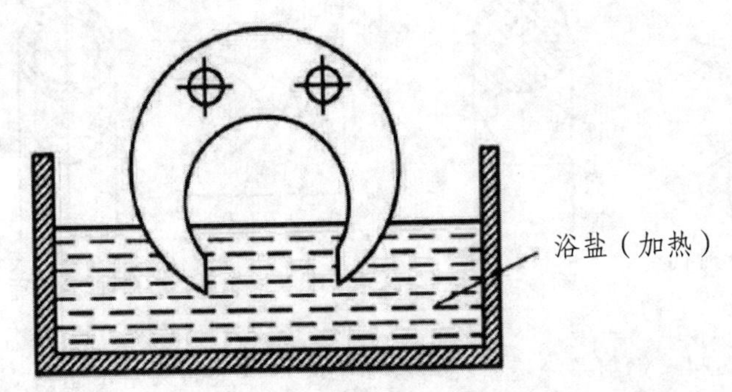

图 7−23　卡规的局部淬火（直径在 60 mm 以上较大的卡规）

（6）冷处理将淬火后冷却到室温的工件继续深冷到 – 80 ~ – 70 ℃或更低的温度，使室温下尚未转变的残余奥氏体继续转变为马氏体。这对于 M_s 点在 0 ℃以下的高碳钢和合金钢能最大限度地减少残余奥氏体，进一步提高硬度和防止工件在室温停留中因残余奥氏体的分解而引起的冷变形。冷处理一般在专门的冷冻设备内进行，也可以用干冰（固态 CO_2）和酒精混合而获得 –80~ –70 ℃的低温，只有特殊冷处理才用液化乙烯（–103 ℃）或液氮（– 196 ℃）来进行处理。冷处理用于要求精度很高、必须保证尺寸长期稳定性、硬而耐磨的精密零件、工具、模具、量具、滚动轴承等。

四、钢的淬透性和淬硬性

（一）淬透性的概念

钢制品淬火的目的是获得马氏体组织，但并非任何钢种、任何尺寸的钢制品在淬火时都能在整个截面上得到马氏体，这是由于淬火冷却时淬火件表面与心部冷却速度有差异。显然，只有冷却速度大于临界冷却速度 V_k 的部分才有可能形成淬火马氏体。钢制品淬火时，其截面上获得马氏体组织的深度称为淬硬层深度，如图 7-24 所示。

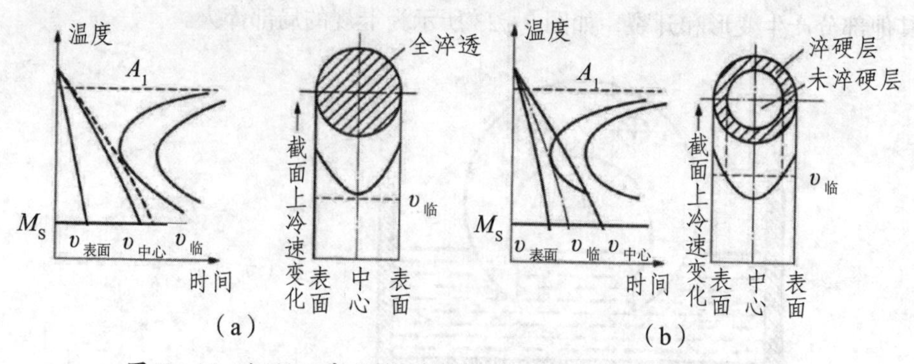

图 7-24 钢制品淬透情况与截面上冷却速度的关系示意图

（a）淬透；（b）未淬透

钢的淬透性是指钢在淬火时获得淬硬层（也称淬透层）深度的能力，其大小通常用规定条件下淬硬层的深度来表示。淬硬层越深，其淬透性越好。一般规定将工件表面到半马氏体区（即马氏体和珠光体型组织各占 50% 的区域）的深度作为淬硬层深度，之所以这样规定，是由于半马氏体区不仅硬度变化显著，而且经金相腐蚀的磨光断面上呈现出明显分界而容易测定。

必须注意，淬透性与淬硬性是两个不同的概念。所谓淬硬性是指钢在正常淬火条件下其马氏体所能达到的最高硬度，它主要取决于钢中碳的质量分数（更确切地说，是加热时固溶于奥氏体中的碳的质量分数，淬火后形成碳在 α 铁素体中的过饱和固溶体，即马氏体），碳的质量分数越高，淬硬性越好。因此，淬透性与淬硬性没有必然的联系，因为淬硬层深的钢，其淬硬层的硬度未必高。

（二）影响淬透性的因素

钢的淬透性取决于临界冷却速度 V_k，C 曲线越右（即过冷奥氏体越稳定）、V_k 越小的钢淬透性越好。而影响 V_k 的基本因素是钢的化学成分和奥氏体化条件。

（1）化学成分的影响钢加热时溶解于奥氏体中的碳和合金元素（Co 元素除外）越多，C 曲线越向右移，淬透性就越好。因此，在正常淬火条件下，合金钢淬透性比碳钢好。在碳钢中，亚共析碳钢的淬透性随碳的质量分数的增加而增加。对于过共析碳钢，由于未溶解的渗碳体会降低奥氏体稳定性，其淬透性则随碳的质量分数的增加而降低。

（2）奥氏体化条件的影响奥氏体化温度越高、保温越充分，则晶粒越粗大、成分越均匀，因而过冷奥氏体越稳定、C曲线越向右移、V_k越小、钢的淬透性越好。

上述影响淬透性的诸因素中，起主要作用的是钢的化学成分，尤其是钢中的合金元素。

第六节　钢的回火

把淬火钢加热到A_{c1}以下的某一温度保温后进行冷却的热处理工艺。回火紧随着淬火后进行，除等温淬火件外，其他淬火零件都必须及时进行回火。淬火钢回火的目的如下：

第一，降低脆性，减少内应力，防止工件变形开裂。

第二，获得工件所要求的综合力学性能。淬火钢制品硬度高、脆性大，为满足各种工件不同的性能要求，可以通过适当的回火处理来调整硬度，获得所需的塑性和韧性。

第三，稳定工件尺寸。淬火马氏体和残余奥氏体都是不稳定的组织，会自发发生转变而引起工件尺寸和形状的变化。通过回火可以使组织趋于稳定，以保证工件在使用过程中不再发生变形。

一、淬火钢在回火时的转变

不稳定的淬火组织有自发向稳定组织转变的倾向，淬火钢的回火是为了促使这种转变较快地进行。在回火过程中，随着组织的变化，钢的性能也发生相应的变化。

随着回火温度的升高，淬火钢的组织大致发生如图 7-25 所示四个阶段的变化。

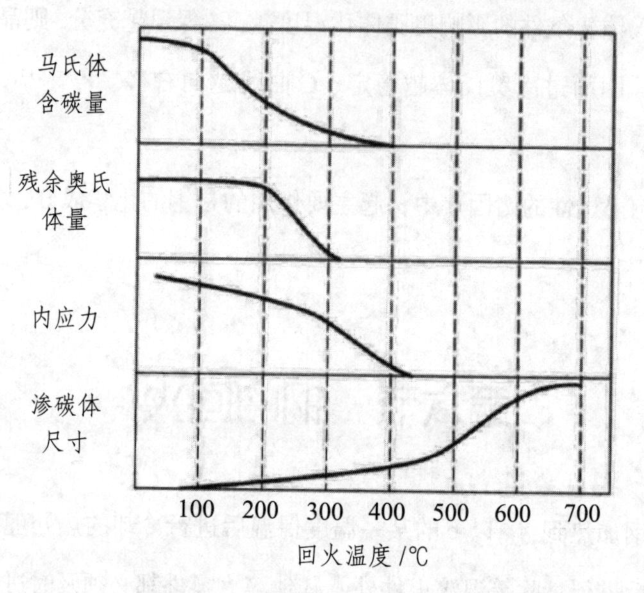

图 7-25　淬火钢在回火时的变化

（一）马氏体的分解

对碳钢而言，淬火后在小于 100 ℃的范围内回火，钢的组织基本没有变化；在 100~200 ℃范围内回火，发生马氏体的分解，此时马氏体中过饱和的碳以 ε 碳化物（Fe_xC）的形式析出，使马氏体的过饱和度降低。析出的碳化物以极细片状分布在马氏体基体上，这种由马氏体分解后形成的低碳 α 相和弥散 ε 碳化物组成的复相组织称回火马氏体，用符号“M 回”表示。在显微镜下观察，回火马氏体呈黑色，残余奥氏体呈白色，如图 7-26 所示。

图 7–26　回火马氏体（放大 500 倍）

（二）残余奥氏体的分解

残余奥氏体的分解主要发生在 200~300 ℃。由于马氏体的分解，正方度下降，减轻了对残余奥氏体的压应力，引起残余奥氏体分解为 ε 碳化物和过饱和 α 相，其组织与下贝氏体或同温度下马氏体回火产物一样。

（三）ε 碳化物转变为 Fe_3C

回火温度在 300~400 ℃时，介稳定的 ε 碳化物转变成稳定的渗碳体（Fe_3C），同时，马氏体中的过饱和碳也以渗碳体的形式继续析出。到 350 ℃左右，马氏体中的碳的质量分数已基本降到铁素体的平衡成分，同时内应力大部分消除。此时回火马氏体转变为在保持马氏体形态的 α 固溶体基体上分布着的细粒状渗碳体的组织，称为回火托氏体，用符号“$T_{回}$”表示，如图 7-27 所示。

（四）渗碳体的聚集长大及 α 相再结晶

这一阶段的变化主要发生在 400 ℃以上，α 固溶体开始发生再结晶，由针片状或板条状转变为多边形，同时渗碳体通过聚集长大成颗粒状并逐渐粗化。这种由颗粒状渗碳体与多边形铁素体组成的组织称为回火索氏体，用符号“$S_{回}$”表示，如图 7-28 所示。

图 7–27　回火托氏体（放大 500 倍）

图 7–28　回火索氏体（放大 500 倍）

二、淬火钢的硬度随回火温度的变化

钢的硬度随回火温度的变化关系如图 7-29 所示。在 200 ℃下回火，由于马氏体中析出大量 ε 碳化物产生弥散强化作用，钢的硬度并不下降，对于高碳钢，甚至略有升高。在 200~300 ℃回火，高碳钢由于有较多的残余奥氏体转变为回火马氏体，硬度会再次提升。而低、中碳钢由于残余奥氏体量很少，硬度则缓慢下降。在 300 ℃以上回火，由于渗碳体粗化及马氏体中的碳的质量分数逐渐降低至铁素体的平衡成分，钢的硬度呈直线下降趋势。

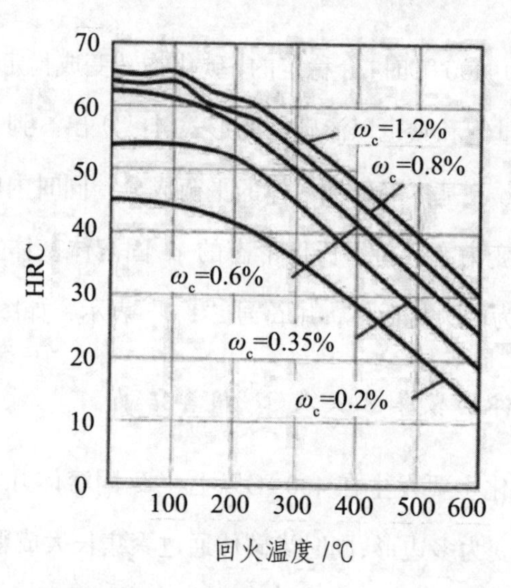

图 7–29　淬火钢的硬度随回火温度的变化

由淬火钢回火得到的回火托氏体、回火索氏体和球状珠光体比由过冷奥氏体直接转变获得的托氏体、索氏体和珠光体的力学性能好。在硬度相同时，回火组织的屈服强度、塑性和韧性也要好得多。这是由于两者渗碳体形态不同，片状组织中的片状渗碳体受力时，其尖端会引起应力集中，形成微裂纹，导致工件破坏；而回火组织的渗碳体呈粒状，不易造成应力集中，这也是为什么重要零件都要求进行淬火和回火处理的原因。

三、回火的种类及应用

淬火钢回火后的组织和性能取决于回火温度，根据钢的回火温度范围，把回火分为以下三类。

（一）低温回火

回火温度为 150~250 ℃，回火后的组织为回火马氏体，目的是在降低淬火内应力和脆性的同时保持钢在淬火后的高硬度（一般为 58~64 HRC）和高耐磨性。其广泛用于处理各种切削刀具，冷作模具、量具、滚动轴承、渗碳件和表面淬火件等。

（二）中温回火

回火温度为 350~500 ℃，回火后组织为回火托氏体，具有较高的屈服极限和弹性极限，以及一定的韧性，硬度一般为 35~45 HRC。其主要用于各种弹簧和热作模具的回火处理。

（三）高温回火

回火温度为 500~650 ℃，回火后组织为回火索氏体，硬度为 25~35 HRC。这种组织具有良好的综合力学性能，即在保持较高强度的同时，具有良好的塑性和韧性。习惯上把淬火和高温回火的热处理工艺称作“调质处理”，简称“调质”。

调质处理广泛用于处理各种重要的结构零件，如连杆、螺栓、齿轮、轴类零件等，也常用作要求较高的精密零件、量具等的预先热处理。回火保温时间视零件大小和装炉量而定，一般为 1~3 h。

四、回火脆性

淬火钢的韧性并不总是随回火温度的升高而提高，在某些温度范围内回火时，会出现冲击韧性显著下降的现象，称为“回火脆性”。回火脆性有低温（250~350 ℃）回火脆性和高温（500~650 ℃）回火脆性两种。

（一）低温回火脆性

淬火钢在 250~350 ℃回火时出现的脆性称为低温回火脆性，也称为第一类回火脆性。几乎所有淬火后形成马氏体的钢在此温度回火时，都会不同程度地产生这种脆性。这与在这一温度范围沿马氏体晶界析出的碳化物薄片有关，目前尚无有效办法可以完全消除这类回火脆性，也称不可逆回火脆性，因此一般不在 250~350 ℃温度范围回火。

（二）高温回火脆性

淬火钢在 500~650 ℃范围内回火后出现的脆性称为高温回火脆性，又称为第二类回火脆性。这类回火脆性主要发生在含 Cr、Ni、Si 和 Mn 等元素的合金钢中，在 500~650 ℃长时间保温或以缓慢速度冷却时，会发生明显的脆化现象，但回火后快速冷却，脆化现象便消失或受到抑制，因此这类回火脆性也叫可逆回火脆性。

高温回火脆性一般认为与 Sb、Sn 和 P 等杂质元素在原奥氏体晶界上的偏聚有关。Cr、Ni、Si 和 Mn 等元素会促进这种偏聚，而且本身也易在晶界上偏聚，因而增加了这类回火脆性的倾向。

除回火后快冷可以防止高温回火脆性外，也可以在钢中加入 W（约 1%）、Mo（约 0.5%）等合金元素有效抑制这类回火脆性的产生。

第七节 固溶处理和时效处理

固溶处理是将合金加热到高温单相区恒温保持，使过剩相充分溶解到固溶体中后快速冷却，从而获得过饱和固溶体的工艺。

时效处理是将合金制品固溶处理后在室温或稍高于室温保温，以达到沉淀强化的目的的工艺。这时在金属的过饱和固溶体中形成溶质原子偏聚区和由其脱溶的溶质原子形成的质点弥散分布于基体中而导致强化，提高材料的性能。

经过固溶处理后进行时效处理应具备的条件如下：

（1）材料对合金元素应具有一定的溶解度。

（2）合金元素的溶解度随温度的降低而减小。

（3）高温固溶的合金元素，快速冷却后来不及析出，从而形成过饱和固溶体。

（4）在低温下，合金元素具有一定的扩散速度。

当时效温度低的时候，由于原子的能量低，不可能生成稳定的第二相，只有一些激活能比较小的介稳定结构形成，称为低温时效。加热到较高温度时（回复温度以上），原子热振动获得足够的能量，析出稳定的第二相，称为高温时效。

奥氏体不锈钢的固溶处理是将钢加热到 1 050~1 150 ℃，使碳化物全部溶解到奥氏体中，然后水淬快冷，抑制冷却过程中碳化物和铁素体的形成或析出，并且使其不发生相变，从而保证室温下仍为单相奥氏体。经固溶处理后的奥氏体不锈钢会发生软化，强度降低，塑性提高。

对于非铁金属，可以充分利用时效强化的作用，提高力学性能。例如，含

Cu 量为 4% 的 Al–Cu 合金加热到 560 ℃，保温后水淬，θ 相（$CuAl_2$）来不及析出，形成过饱和的 α 固溶体组织，其强度 ρ_b 为 250 MPa，因为没有形成硬脆的 $CuAl_2$，塑性较高，合金在室温下放置 4~5 d 后其强度逐渐升高，ρ_b 可达到 400 MPa。

Al–Cu 合金在不同温度下时效强化效果曲线见图 7-30。从图 7- 30 可知，时效温度越高，时效速度越快，则强化效果越小，因此人工时效比自然时效（20 ℃）的强化效果低。而在室温以下，固溶处理后的过饱和固溶体保持相对稳定，抑制了时效的进行。

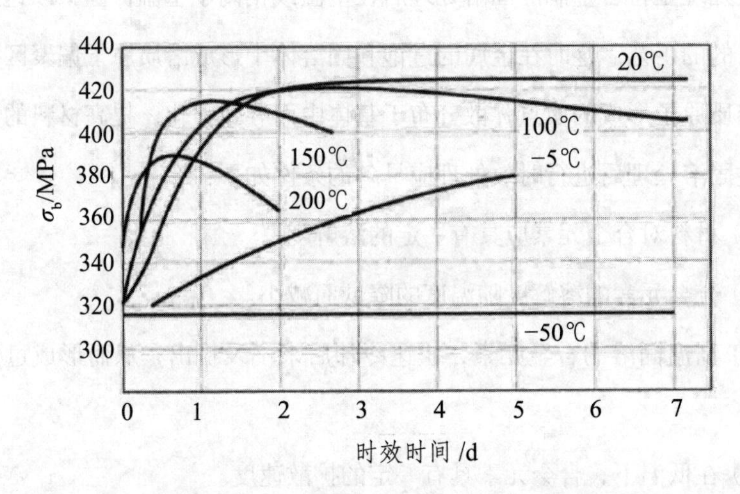

图 7 - 30　含铜量为 4% 的 Cu - Al 合金不同温度下的时效温度

第八节　钢的表面热处理

齿轮、曲轴、凸轮轴等零部件既承受弯曲、扭转、冲击等动载荷，同时还要承受摩擦磨损，因此不仅要求钢制品的表面具有高的强度、硬度、耐磨性和疲劳极限，其心部还要有足够的塑性和韧性。为了满足这种表硬心韧的性能要求，可以采取多种表面强化技术，表面淬火就是其中之一。

钢的表面淬火是在不改变钢制品化学成分和心部组织的情况下，采用快速加热将钢制品表面奥氏体化，然后进行淬火，从而实现强化工件表面的热处理方法。

表面淬火用钢一般为中碳钢或中碳合金钢。若钢的碳的质量分数过高，表面淬火虽然可提高表面硬度和耐磨性，但会降低心部塑性和韧性；若碳含的质量分数过低，会使表面硬度和耐磨性不足。不过在某些情况下，表面淬火也用于低合金工具钢和铸铁制造的工件的处理。

一、感应加热表面淬火

感应加热表面淬火是利用工件在交变磁场中所产生的感应电流，将工件表面迅速加热到淬火温度，然后快速淬火冷却的一种热处理方法。

按照电流频率的不同分为高频（250~300 kHz）、中频（2.5~8.0 kHz）和工频（50 Hz）加热，其淬硬层深度最大值分别为 2 mm、10 mm、20 mm。采用何种加热方式取决于零件的种类和尺寸大小。感应加热表面淬火的装置一般由电源、感应器及淬火用喷水器组成。当感应器中通过一定频率的交变电流时，所产生的交变磁场使放入感应器内的工件感生出很大的涡流。感应电流在工件的表面密度最大，越往心部越小，而心部的电流密度几乎为零，电流频率越高，涡流集中的表面层越薄，这种现象称为“集肤效应”。由于钢制品本身具有电阻，因而集中于表层的电流可使表层被迅速加热，几秒钟内温度便可升至 800~1 000 ℃，而心部几乎未被加热。在喷水冷却时，工件表层即被淬硬。感应加热深度即电流透入的深度，主要取决于电流频率。感应电流频率越高，集胶效应越明显，感应加热深度越浅，工件淬硬层越薄。

感应加热表面淬火后一般只进行低温回火，回火温度一般不高于 200 ℃，目的是减少残余内应力和降低脆性，同时尽量保持表面的高硬度和高耐磨性。低温回火后表层为回火马氏体，心部为预先热处理时获得的组织，即回火索氏体（调质组织）或索氏体和铁素体（正火组织）。与普通淬火相比，感应加热表面淬火有如下特点。

（1）加热速度快，保温时间短，过热度大，奥氏体晶粒细小，又不易长大，因此淬火后钢制品表层可以获得细小的隐晶马氏体，硬度比普通淬火时的高 2~3 HRC，且脆性较低。

（2）马氏体转变产生体积膨胀，使工件表面存在残余压应力，因而具有较高的疲劳强度。

（3）由于加热速度快，基本无保温时间，因此，工件一般不产生氧化脱碳，表面质量好。同时由于心部附近未被加热，淬火变形小。

（4）生产效率高，易实现机械化与自动化，淬硬层深度也易于控制。

上述特点使感应加热表面淬火在工业生产中获得了广泛的应用。其缺点是设备较昂贵，维修调整技术要求高，形状复杂的感应器制造比较困难。

二、钢的渗碳

钢的渗碳是向低碳钢或低碳合金钢表层渗入碳原子，提高钢制品表层碳含量使之具有高硬度和高耐磨性，而心部保持良好韧性的热处理工艺。渗碳广泛用于在磨损条件下服役并承受冲击载荷、交变载荷的工件的处理，如汽车、拖拉机的传动齿轮，内燃机的活塞销等。

根据所用渗碳介质的工作状态，渗碳方法一般分为气体渗碳、固体渗碳和液体渗碳，常用的是气体渗碳。为进一步提高渗碳效率和质量，还可采用真空渗碳。

（1）气体渗碳。气体渗碳是将工件放入密封的渗碳炉内，使其在900~950 ℃的高温渗碳气氛中进行渗碳。炉内的渗碳气氛有两种供给方式：一种是将富碳气体（如煤气、液化石油气等）直接通入炉内；另一种是将易分解的有机物液体（如煤油、苯、丙酮、甲醇等）滴入炉内，使其在高温下裂解成渗碳气氛。渗碳气氛在高温下分解产生的活性碳原子被钢制品表面吸收并向表层内部扩散而形成渗碳层，在一定温度下，渗碳层厚度取决于保温时间，保温时间越长，渗碳层的深度越深。

气体渗碳法的优点是生产效率高,渗层质量好,劳动强度低,便于直接淬火。

（2）固体渗碳。固体渗碳是将工件埋在固体渗碳剂中，装箱密封，放入炉中加热到渗碳温度保温，使工件表面增碳。固体渗碳剂是由主渗剂（木炭粒）和催渗剂（$BaCO_3$）组成的混合物。在渗碳温度下，渗碳剂发生如下反应：

$$BaCO_3 \rightarrow BaO+CO_2 \uparrow$$

$$CO_2+C\text{（木炭粒）} \rightarrow 2CO$$

$$2CO \rightarrow CO_2+[C]\text{（渗入钢中）}$$

固体渗碳的优点是设备简单，成本较低，大小零件都可用。缺点是渗碳速度低，生产效率低，劳动条件差，渗碳后不宜直接淬火。

（3）真空渗碳。真空渗碳是将零件放入特制的真空渗碳炉中，先抽到一定的真空度后升温至渗碳温度，通入一定量的渗碳气体进行渗碳。由于炉内无氧化性气体等其他不纯物质，零件表面无吸附气体，因而表面活性大。通入渗碳气体后，渗碳速度快（获得同样渗层厚度，渗碳时间约为普通气体渗碳的1/3），而且表面光亮。

渗碳后缓冷，从表层向里依次为过共析、共析和亚共析组织。表层组织为珠光体和二次渗碳体，心部为钢的原始组织铁素体和珠光体，中间为过渡层。一般规定，从表面到过渡层一半处的厚度为渗碳层厚度。

渗碳层的碳浓度梯度直接影响渗层的硬度梯度。碳浓度梯度应平缓，太陡的话在使用过程中容易产生剥落。渗碳层一般按工件轮廓分布，不需渗碳的部位可镀铜防渗，或渗碳后用机加工去除该部位渗碳层再淬火。

三、钢的渗氮

渗氮是将氮原子渗入工件表面，以形成富氮硬化层的化学热处理。其目的是提高工件表面的硬度和耐磨性，还可以提高疲劳强度和耐蚀性。渗氮方法根据其目的和工艺过程的不同，可分为气体渗氮、抗蚀渗氮、离子渗氮等。

（1）气体渗氮。气体渗氮通常指的是抗磨渗氮，主要目的是获得高的表面硬度，因此又称硬氮化，主要是利用氨气加热时分解出的活性氮原子被工件表面吸收后，逐渐向内部扩散而形成氮化层。

渗氮可在专用设备或井式渗氮炉内进行，为了获得理想的硬度和耐磨性而采用专门的氮化钢，比如38CrMoAl。渗氮处理温度较低，一般为500~570 ℃。渗氮最大的缺点是其所用的时间较长，例如，为了获得0.5 mm的氮化层，渗氮时间需要40~60 h。

（2）抗蚀渗氮。抗蚀渗氮的目的是在工件表面得到一层薄而致密的白亮氮化物层，使工件在自来水、潮湿空气、过热蒸气及弱碱溶液等介质中具有不同程度的抗腐蚀能力（但不耐酸液的腐蚀）。抗蚀渗氮温度通常为550~700 ℃，时间为1~3 h。渗层厚度为0. 015~0. 060 mm。其可用于碳钢、低合金钢及铸铁等制品，尤其是低碳钢制品的效果最好。

（3）离子渗氮。离子渗氮是一种较为先进的渗氮工艺。其方法是以真空容器为阳极，工件为阴极，通以400~700 V的直流电，电离后的氮离子高速轰击工件表面，使工件表面温度升高到450~650 ℃，同时氮离子在阴极上捕获电子形成氮原子，渗入工件表面并向表层内部扩散而形成氮化层。离子渗氮的处理周期短，仅为气体渗氮的1/4~1/3，其氮化层的韧性和疲劳强度比气体渗氮的高，变形也较小。

氮原子除了固溶于 α-Fe外，还与铁和合金元素形成氮化物，如Fe_2N、Fe_4N、AlN和CrN等。渗氮层的最外层含氮浓度最高，形成一层不易被腐蚀的氮化物白亮层，往里是氮的碳化物和氮化物，从工件的表面到心部其氮浓度逐渐降低，最后过渡到工件的原始组织，图7 - 31为38CrMoAl钢的渗氮层组织，白亮层硬而脆，容易剥落。对于抗磨渗氮来说，希望白亮层越薄越好，或用磨削加工去除，但对抗蚀渗氮则希望得到均匀致密的白亮层。

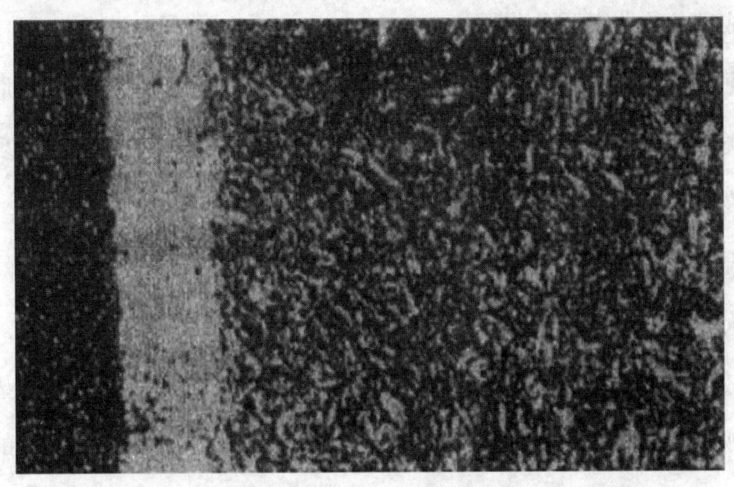

图 7-31 38CrMoAl 钢的渗氮层组织（放大 400 倍）

第九节 其他热处理

一、形变热处理

形变热处理是将金属材料的塑性变形与热处理有机地结合起来，同时发挥材料形变强化和相变强化作用的综合热处理工艺。这种方式不仅可以获得比普通热处理更优异的强韧化效果，而且没有热处理时的重新加热工序，简化生产流程，节约能源，具有较高的经济效益。钢的形变热处理强韧化的原因有以下三个方面。

（1）形变热处理在塑性变形过程中细化了奥氏体晶粒，从而使热处理后的组织为细小马氏体。

（2）奥氏体在塑性变形时形成大量的位错，并成为马氏体转变的形核核心，促使马氏体转变量增多并细化，同时又产生了大量新的位错，使位错强化的效果更加显著。

（3）形变热处理中高密度位错为碳化物的高度弥散析出提供了有利条

件，形成碳化物弥散强化作用。

根据形变与相变的相互关系，有相变前形变、相变中形变和相变后形变三种基本类型。现仅介绍相变前形变的高温形变热处理和低温形变热处理。

①高温形变热处理。

高温形变热处理是将钢材加热到奥氏体单相区后进行塑性变形，然后立即进行淬火和回火热处理，例如锻造淬火及轧制淬火加回火热处理工艺。该工艺能获得较明显的强韧化效果，与普通淬火相比强度提高 10%~30%，塑性提高 40%~50%，韧性成倍提高，而且质量稳定，工艺简单，还减少了工件的氧化、脱碳和变形，适用于形状简单的零件或工具的热处理，如连杆、曲轴、模具和刀具等。

②低温形变热处理。

低温形变热处理是将工件加热到奥氏体单相区后急冷至珠光体与贝氏体形成的温度范围内（在 450~600 ℃热浴中冷却），立即对过冷奥氏体进行塑性变形（变形量为 70%~80%），然后再进行淬火和回火的工艺。该工艺与普通淬火比较，在保持塑性、韧性不降低的情况下，大幅度地提高钢的强度、疲劳强度和耐磨性，特别是强度可提高 300~1 000 MPa，因此它主要用于要求高强度和高耐磨性的零件和工具，如飞机起落架、高速刃具、模具和重要的弹簧等。此外，该方法要求钢材具有较高的淬透性和较长的孕育期，如合金钢、模具钢。并且由于变形温度较低，要求变形速度快，因此需要用功率大的设备进行塑性变形。

二、超细化热处理

在加热过程中使奥氏体的晶粒度细化到十级以上，然后再进行淬火，可以有效地提高钢的强度、韧性和降低韧性－脆性转变温度，这种使工件得到超细化晶粒的工艺方法称为超细化热处理。

超细化热处理时首先将工件奥氏体化后淬火，形成马氏体组织后又以较快的速度重新加热到奥氏体化温度，经短时间保温后再迅速冷却。这样反复加热、冷却数次，每加热一次，奥氏体晶粒就被细化一次，使下一次奥氏体化的形核率增加，而且快速加热时未溶解的细小碳化物不但阻碍奥氏体晶粒长大，还能成为后续形成奥氏体的非自发形核的核心。用这种方法可以获得晶粒度为13~14级的超细晶粒，并且在奥氏体晶粒内还均匀地分布着高密度的位错，从而提高材料的力学性能。

例如，将合金结构钢晶粒度从9级提高到15级后，其屈服强度从1 150 MPa提高到1 420 MPa，脆性转变温度从−50 ℃降到−150 ℃（调质状态）。

实践表明，加热速度越快，淬火加热温度越低（在合理的限度内），细化效果越好。但加热时间不宜过长，循环次数也不宜过多，一般进行3~4次即可。

如果采用加热速度在1 000 ℃/s以上的高频脉冲感应加热、激光加热或电子束加热，能在金属表面层得到更细小的淬火组织，以至于在30万倍电子显微镜下也难分辨组织细节。T8钢经加热速度为1 000 ℃/s、加热温度为780 ℃的淬火处理，可得到15级超细晶粒，硬度在65 HRC以上。

三、真空热处理

在环境压力低于正常大气压以下的减压空间中进行加热、保温的热处理工艺称为真空热处理。

（一）真空热处理的特点

真空热处理具有如下特点。

（1）防止金属氧化。工件只要在1 Pa的真空度下，金属的氧化速度就极为缓慢，真空度在小于1.33×10^{-2} Pa的真空下加热金属，虽然高于金属氧化物的分解压力，也可得到无氧化的光亮表面。

（2）表面净化作用。金属表面在真空热处理时，如果炉内氧分压小于氧化物分解压，金属表面氧化物分解，生成的氧气被真空泵排出。如果金属表面有油污时将会被加热分解为氢气、水蒸气和二氧化碳等，会由真空泵抽到炉外，起到脱脂净化作用。

（3）脱气作用。在真空热处理过程中，由于金属零件内外具有压力差，溶解在金属中的气体会向金属表面进行扩散，并在表面脱附逸出，温度越高，脱气效果越好。

（4）加热速度缓慢。工件在真空中主要依靠辐射方式进行传热，其加热速度比盐浴和炉气中要缓慢，所以加热时间需要适当延长，降低了生产率。但工件截面温差小，工件变形比其他加热方式小。

（二）真空热处理工艺的应用

真空热处理工艺有如下应用。

（1）真空退火。金属在进行真空热处理时，既可避免氧化，又有脱气、脱脂等作用，因此真空退火常用于钢、铜及其合金的热处理，以及与气体亲和力强的钛、钽、铌、锆等合金。

真空退火应用很广，例如硅钢片的真空退火可除去大部分气体和氮化物、硫化物等，可以消除内应力和晶格畸变甚至提高磁感应强度。对于结构钢、碳素工具钢等零件，采用真空退火均可获得满意的光亮度。钛及钛合金进行真空退火，可以消除极易与钛产生反应的各种气体和挥发性有机物的危害，获得光亮的表面。

（2）真空淬火。在真空中进行加热淬火工艺已广泛应用于各种钢、钛合金、镍合金、钴基合金等金属制品。例如，真空淬火后钢制品的硬度不仅高而且均匀、制品表面光洁、无氧化脱碳、变形小。在真空加热时的脱气作用还可以提高材料的强度、耐磨性、抗咬合性和疲劳强度，使工件寿命提高。例如，模具经真空淬火后寿命可提高 40% 以上，搓丝板的寿命可提高 4 倍。淬火冷却时，对于淬透性小或截面较大的工件，推荐采用真空淬火油作为冷却介质，而对易淬透的零件则推荐氮气淬火。

（3）真空渗碳。工件在真空中加热并进行气体渗碳，称为真空渗碳。渗碳温度一般为 1 030~1 050 ℃。真空渗碳的渗碳层均匀，渗碳层的碳浓度变化平缓，表面光洁，无异常组织及晶界氧化物，而且渗碳速度快，工作环境好，基本上没有污染。

渗碳过程由于处在高温下，时间较长，容易使钢材基体组织粗化，当渗碳扩散完成后，在惰性气体保护下冷却到 A_1 线以下，重新加热到淬火温度，通过重结晶使晶粒细化后才进行淬火。

四、激光热处理

激光热处理利用激光器发出能量密度极高的激光束，以扫描方式快速加热工件表面而达到淬火的目的。由于激光束加热斑点小，工件受热体积小，因此只依靠工件本身传热自冷淬火，不需要另用淬火介质。

激光热处理的加热速度和冷却速度极高，加热速度高达 105~109 ℃/s，对应的加热时间为 10^{-7}~10^{-3} s；冷却速度可达 104~107 ℃/s，扫描速度越快，冷却速度也越快。激光淬火层硬度比常规淬火层高，可获得极韧的马氏体组织。由于激光加热层薄、速度快，因而变形非常小。目前国内主要用于需增加表面耐磨性工件的热处理。

第八章　非合金钢（碳钢）

第一节　钢中的杂质元素及其影响

钢是指以铁为主要元素，碳的质量分数一般在 2.11% 以下，并含有其他元素的材料。钢按化学成分可分为非合金钢、低合金钢和合金钢三大类。其中非合金钢具有价格低、工艺性能好、力学性能能满足一般使用要求的优点，所以它是工业生产中用量较大的金属材料。实际生产中使用的非合金钢除含有碳元素之外，还含有少量的硅、锰、硫、磷、氢等元素。其中硅和锰是钢在冶炼过程中由于加入脱氧剂时残余下来的，而硫、磷、氢等则是从炼钢原料或大气中带入的。这些元素的存在对于钢的组织和性能都有一定的影响，它们通称为杂质元素。它们对钢的性能有一定的影响，必须控制在一定的范围之内。

一、锰的影响

锰是在炼铁时由矿石和炼钢时加的脱氧剂带进的。在碳钢中锰的质量分数通常在 0.25%~0.80%。锰的脱氧能力较好，能清除钢中的 FeO，降低钢的脆性。锰大部分溶于铁素体中，形成置换固溶体，并使铁素体强化；一部分锰也能溶于 Fe_3C 中，形成合金渗碳体。此外，锰与硫化合而成 MnS，以减轻硫的有害作用。一般认为，锰在钢中是一种有益元素。

二、硅的影响

硅是在炼铁时由矿石和炼钢时加的脱氧剂带进的。碳钢中硅的质量分数通常在0.1%~0.4%。硅的脱氧能力比锰强，与钢液中的FeO生成炉渣，清除FeO对钢质量的不良影响。硅与锰一样，能溶于铁素体中，使铁素体强化，从而使钢的强度、硬度、弹性均提高，塑性、韧性均降低。一般认为，硅在钢中也是一种有益的元素。

三、硫的影响

硫是在炼铁时由矿石和燃料带进的。硫不溶于铁，而以FeS形式存在。FeS与Fe形成低熔点的共晶体（985 ℃），分布于奥氏体晶界上。当钢材在1 000~1 200 ℃进行锻压时，由于FeS-FeS共晶体融化，导致钢材变脆开裂，这种现象称为热脆。硫在钢中是有害杂质元素，必须严格控制。在钢中提高锰的质量分数，Mn与S形成高熔点的MnS（1 620 ℃），同时MnS高温下又有塑性，可避免热脆现象。

四、磷的影响

磷是在炼铁时是矿石带进的。磷在钢中全部溶于铁素体中，它虽可使铁素体的强度、硬度有所提高，但却使室温下钢的塑性、韧性急剧下降，并使脆性转化温度升高，这种现象称为冷脆。磷的存在也使焊接性能变坏。因此，钢中的磷是一种有害杂质，要严格控制。

五、非金属杂质的影响

在炼钢后虽然加入脱氧剂进行脱氧，但仍有少量的氧残留在钢中，氧对钢的力学性能不利，使钢的强度和塑性下降，特别是氧化物杂质的存在降低了钢的疲劳强度，因此氧是有害元素。氮是由炉气进入钢中，N和Fe形成FeN，使钢的硬度、强度提高，但塑性和韧性大大下降，这种现象称为蓝脆，若炼钢时使用Al、Ti脱氧，生成AlN、TiN，可消除钢的蓝脆。钢中氢能造成氢脆、白点等缺陷，是有害元素。

第二节　非合金钢（碳钢）的分类

非合金钢的分类方法有多种，常用的分类方法有以下几种。

一、按非合金钢的碳的质量分数分类

1. 低碳钢

低碳钢是指碳的质量分数 <0.25% 的铁碳合金。

2. 中碳钢

中碳钢是指碳的质量分数 =0.25%~0.60% 的铁碳合金。

3. 高碳钢

高碳钢是指碳的质量分数 >0.60% 的铁碳合金。

二、按非合金钢主要质量等级和主要性能或使用特性分类

非合金钢按主要质量等级可分为普通质量非合金钢、优质非合金钢和特殊质量非合金钢。

1. 普通质量非合金钢

普通质量非合金钢是指对生产过程中控制质量无特殊规定的一般用途的非合金钢。普通质量非合金钢应用时满足下列条件：钢为非合金化的；不规定热处理；如产品标准或技术条件中有规定，其特性值（最高值和最低值）应达规定值；未规定其他质量要求。

普通质量非合金钢主要包括：一般用途碳素结构钢，如 GB/T 700—2006 规定中的 A、B 级钢；碳素钢筋钢；铁道用一般碳素钢，如轻轨和垫板用碳素

钢；一般钢板桩型钢。

2. 优质非合金钢

优质非合金钢是指除普通质量非合金钢和特殊质量非合金钢以外的非合金钢，在生产过程中需要特别控制质量（例如，控制晶粒度，降低硫、磷含量，改善表面质量或增加工艺控制等），以达到比普通质量非合金钢特殊的质量要求（如良好的抗脆断性能，良好的冷成形性能等），但这种钢的生产控制不如特殊质量非合金钢严格。

优质非合金钢主要包括机械结构用优质碳素钢，如 GB/T 699—2015 规定中的优质碳素结构钢中的低碳钢和中碳钢；工程结构用碳素钢，如 GB/T 700—2006 规定的 C、D 级钢；冲压薄板的低碳结构钢；镀层板用碳素钢；锅炉和压力容器用碳素钢；造船用碳素钢；铁道用优质碳素钢，如重轨用碳素钢；焊条用碳素钢；冷锻、冷冲压等冷加工用非合金钢；非合金易切削结构钢；电工用非合金钢板、带；优质铸造碳素钢。

3. 特殊质量非合金钢

特殊质量非合金钢是指在生产过程中需要特别严格控制质量和性能(例如，控制淬透性和纯洁度）的非合金钢。钢材要经热处理并至少具有下列一种特殊要求（包括易切削钢和工具钢），例如，要求淬火和回火状态下的冲击性能；有效淬硬深度或表面硬度；限制表面缺陷；限制钢中非金属夹杂物含量和（或）要求内部材质均匀性；限制磷和硫的含量（成品和均不大于 0.25%）；限制残余元素 Cu、Co、V 的最高含量等方面的要求。

特殊质量非合金钢主要包括保证淬透性非合金钢；保证厚度方向性能非合金钢；铁道用特殊非合金钢（如车轴坯、车轮、轮箍钢）；航空、兵器等专业用非合金结构钢；核能用的非合金钢；特殊焊条用非合金钢；碳素弹簧钢；特殊盘条钢及钢丝；特殊易切削钢；碳素工具钢和中空钢；电磁纯铁；原料纯铁。

三、按非合金钢的用途分类

1. 碳素结构钢

碳素结构钢主要用于制造各种机械零件和工程结构件，其碳的质量分数一般都小于 0.70%。此类钢常用于制造齿轮、轴、螺母、弹簧等机械零件，用于制作桥梁、船舶、建筑等工程结构件。

2. 碳素工具钢

碳素工具钢主要用于制造工具，如制作刃具、模具、量具等，其碳的质量分数一般都大于 0.70%。此外，钢材还可以从其他角度进行分类，如按专业（如锅炉用钢、桥梁用钢、矿用钢等）、按冶炼方法等进行分类。

第三节　非合金钢（碳钢）的牌号及用途

一、普通碳素结构钢

普通碳素结构钢是指对生产过程中控制质量无特殊规定的一般用途非合金钢。其中碳素结构钢的牌号是由屈服点字母、屈服点数值、质量等级符号、脱氧方法等四部分按顺序组成。质量等级分 A、B、C、D 四级，从左至右质量依次提高。屈服点的字母以“屈”字汉语拼音的首字母“Q”表示；脱氧方法用 F、b、Z、TZ 分别表示沸腾钢、半镇静钢、镇静钢、特殊镇静钢。在牌号中，“Z”可以省略。例如，Q235-AF 表示屈服点大于 250 N/mm^2，质量为 A 级的沸腾碳素结构钢。

特性：价格低廉，工艺性能（如焊接性能和冷成形性能）优良。

应用：普通碳素结构钢中碳的质量分数较低，焊接性能好，塑性、韧性好，价格低，常热轧成钢板、钢带、各种热轧成的型材（如圆钢、方钢、工字钢等）、棒钢，用于桥梁、建筑等工程构件和要求不高的机器零件，普通碳素结构钢通常在热轧供应状态下直接使用，很少再进行热处理。

Q195、Q215 通常轧制成薄板、钢筋供应市场，也可用于制作铆钉、螺钉、轻载荷的冲压零件和焊接结构件等。

Q235、Q255 强度稍高，可制作螺栓、螺母、销子、吊钩和不太重要的机械零件，以及建筑结构中的螺纹钢、型钢、钢筋等；质量较好的 Q235C、D 级可作为重要焊接结构用材。

Q275 钢可部分代替优质碳素结构钢 25、30、35 钢使用。

碳素结构钢的牌号、化学成分如表 8-1 所示。

表 8-1　碳素结构钢的牌号、化学成分

牌号	统一数字代号	等级	厚度（或直径）/mm	脱氧方法	化学成分（质量分数）/%，不大于				
					C	Si	Mn	P	S
Q195	U11952	—	—	F、Z	0.12	0.30	0.50	0.035	0.040
Q215	U12152	A	—	F、Z	0.15	0.35	1.20	0.045	0.050
	U12155	B							0.045
Q235	U12352	A	—	F、Z	0.22	0.35	1.40	0.045	0.050
	U12355	B			0.20				0.045
	U12358	C		Z	0.17			0.040	0.040
	U12359	D		TZ				0.035	0.035
Q275	U12359	A	—	F、Z	0.24	0.35	1.50	0.045	0.050
	U12359	B	≤ 40	Z	0.21			0.045	0.045
			> 40		0.22				
	U12359	C	—	Z	0.20			0.040	0.040
	U12359	D		TZ				0.035	0.035

二、优质碳素结构钢

优质碳素结构钢是指除普通碳素结构钢和特殊质量碳素结构钢以外的非合金钢。其中优质碳素结构钢的牌号用两位数字表示，两位数字表示该钢的平均碳的质量分数的万分数。例如，45 钢表示平均碳的质量分数为 0.45% 的优质碳素结构钢；08 钢表示平均碳的质量分数为 0.08% 的优质碳素结构钢。如果是高级优质钢,在数字后面加上符号“A”; 特级优质钢在数字后面加上符号“E”。

优质碳素结构钢中锰的质量分数较高（ω_{Mn}=0.7%~1.2%）时，在两位数字后面加上符号“Mn”，如 65 Mn 钢，表示平均 ω_{Mn}=0.65%，并含有较多锰（ω_{Mn}=0.9%~1.2%）的优质碳素结构钢。

特性：与碳素结构钢相比，夹杂物较少，质量较好。力学性能根据碳的质量分数不同有较大差异。

应用：优质碳素结构钢应用广泛，主要用于制造机械零件，一般都要经过热处理提高力学性能后再使用。

碳的质量分数较低的 08、08F、10、10F 钢，塑性、韧性好，强度低，具有优良的冷成形性能和焊接性能，常冷轧成薄板，用于制作冷冲压件，如汽车车身、仪表外壳等。

15、20、25 钢经渗碳、淬火后表硬心韧，用于制作表面要求耐磨而芯部强度要求不高的零件即渗碳零件，如机罩、焊接容器、小轴、螺母、垫圈及渗碳齿轮等。

40、45、50 钢经热处理（淬火 + 高温回火）后具有良好的综合力学性能，用于制作轴类零件，如曲轴、连杆、车床主轴、车床齿轮等。

55、60、65 钢经热处理（淬火 + 中温回火）后具有高的弹性极限，用于制作承载不大的弹簧。

60~85 钢、60 Mn、65 Mn 钢具有较高的强度，可用于制造各种弹簧、机车轮缘、低速车轮等。

优质碳素结构钢的牌号、化学成分、力学性能和用途如表 8–2 所示。

表 8-2　优质碳素结构钢的牌号、化学成分、力学性能和用途

牌号	ω_c	ω_{Si}	ω_{Mn}	力学性能					应用举例
				σ_s/MPa	σ_b/MPa	δ_s/%	δ_b/%	α_k/（$J\cdot cm^{-2}$）	
				不小于					
08	0.05~0.12	0.17~0.37	0.35~0.61	330	200	33	60	—	塑性好，适合制作要求高韧性的冲击件、焊接件、紧固件，如螺栓、螺母、垫圈等，渗碳淬火后可制造强度不高的耐磨件，如凸轮、滑块、活塞销等
10	0.07~0.14	0.17~0.37	0.35~0.66	340	210	31	55	—	
15	0.12~0.19	0.17~0.37	0.35~0.65	380	230	27	55	—	
20	0.17~0.24	0.17~0.37	0.35~0.65	420	250	25	55	—	
25	0.22~0.30	0.17~0.37	0.50~0.80	460	280	23	50	90	
30	0.27~0.35	0.17~0.37	0.50~0.80	500	300	21	50	80	综合力学性能优良，适合制作负荷较大的零件，如连杆、曲轴、主轴、活塞杆（销）、表面淬火齿轮、凸轮等
35	0.32~0.40	0.17~0.37	0.50~0.80	540	320	20	45	70	
40	0.37~0.45	0.17~0.37	0.50~0.80	580	340	19	45	60	
45	0.42~0.50	0.17~0.37	0.50~0.80	610	360	16	40	50	
50	0.47~0.55	0.17~0.37	0.50~0.80	640	380	14	40	40	
55	0.52~0.60	0.17~0.37	0.50~0.80	660	390	13	35	—	

续 表

牌号	ω_c	ω_{Si}	ω_{Mn}	力学性能					应用举例
				σ_s/MPa	σ_b/MPa	δ_s/%	δ_b/%	α_k/（$J\cdot cm^{-2}$）	
				不小于					
60	0.57~0.60	0.17~0.37	0.50~0.80	690	410	12	35	—	屈服点高，硬度高，适合制作弹性零件（如各种螺旋弹簧、板簧等），以及耐磨零件（如轧辊、钢丝绳、偏心轮等）
65	0.62~0.70	0.17~0.37	0.50~0.80	710	420	10	30	—	
70	0.67~0.75	0.17~0.37	0.50~0.80	730	430	9	30	—	
80	0.77~0.85	0.17~0.37	0.50~0.80	1100	950	6	30	—	
85	0.82~0.90	0.17~0.37	0.50~0.80	1150	1 000	6	30	—	
15Mn	0.12~0.19	0.17~0.37	0.70~1.00	420	250	26	55	—	
20Mn	0.17~0.24	0.17~0.37	0.70~1.00	460	280	24	50	—	
25Mn	0.22~0.30	0.17~0.37	0.70~1.00	500	300	22	50	90	应用范围基本与普通含锰量的优质非合金相同
30Mn	0.27~0.35	0.17~0.37	0.70~1.00	550	320	20	45	80	
35Mn	0.32~0.40	0.17~0.37	0.70~1.00	570	340	18	45	70	
40Mn	0.37~0.45	0.17~0.37	0.70~1.00	600	360	17	45	60	
45Mn	0.42~0.50	0.17~0.37	0.70~1.00	630	380	15	40	50	
50Mn	0.48~0.56	0.17~0.37	0.70~1.00	660	400	13	40	40	
60Mn	0.57~0.65	0.17~0.37	0.70~1.00	710	420	11	35	—	
65Mn	0.62−0.70	0.17~0.37	0.70~1.20	750	440	9	30	—	
70Mn	0.67~0.75	0.17~0.37	0.70~1.20	800	460	8	30	—	

三、碳素工具钢

碳素工具钢是用于制造刀具、模具和量具的钢。由于大多数工具都要求高硬度和高耐磨性，故碳素工具钢中碳的质量分数都在 0.7% 以上，而且此类钢都是优质钢或高级优质钢，有害杂质元素（S、P）含量较少，质量较高。

碳素工具钢的牌号以“T”（碳的大写汉语拼音首字母）开头，其后的数字表示平均碳的质量分数的千分数。例如，T8 表示平均碳的质量分数为 0.80% 的碳素工具钢。若为高级优质碳素工具钢，则在牌号后面标以字母 A，如 T12A 表示平均碳的质量分数为 1.20% 的高级优质碳素工具钢。碳素工具钢的牌号、化学成分、性能和用途（表 8-3）。

表 8-3　碳素工具钢的牌号、化学成分、性能和用途

牌号	化学成分 /%	硬度			用途举例
		退火状态	试样淬火		
	C	HBC 不大于	淬火温度 /℃ 和冷却剂	HBC 不小于	
T7、T7A	0.65~0.74	187	800~820 水	62	淬火回火后，常用于制造能承受振动、冲击，并且在硬度适中情况下有较好韧性的工具，如冲头、木工工具等
T8、T8A	0.75~0.84	187	780~800 水	62	淬火回火后，常用于制造要求有较高硬度和耐磨性的工具，如冲头、木工工具、剪刀、锯条等
T8Mn、T8MnA	0.80~0.90	187	780~800 水	62	
T9、T9A	0.85~0.94	192	760~780 水	62	用于制造具有一定硬度和韧性的工具，如冲模、冲头等
T10、T10A	0.95~1.04	197	760~780 水	62	用于制造耐磨性要求较高，不受剧烈振动，具有一定韧性及具有锋利刃口的各种工具，如刨刀、车刀、钻头、丝锥等
T11、T11A	1.05~1.14	207	760~780 水	62	
T12、T12A	1.15~1.24	207	760~800 水	62	用于制造不受冲击、要求高硬度的各种工具，如丝锥、锉刀等

续 表

牌号	化学成分 /%	硬度			用途举例
	C	退火状态	试样淬火		
		HBC 不大于	淬火温度 /℃和冷却剂	HBC 不小于	
T13、T13A	1.25~1.35	217	760~800 水	62	适用于制造不受振动、要求极高硬度的各种工具，如剃刀、刮刀、刻字刀具等

碳素工具钢随着碳的质量分数的增加，其硬度和耐磨性提高，而韧性下降，其应用场合也不同。T7、T8 一般用于要求韧性稍高的工具，如冲头、錾子、简单模具、木工工具等；T10 用于要求中等韧性、高硬度的工具，如手用锯条、丝锥、板牙等，也可用作要求不高的模具；T12 具有高的硬度和耐磨性，但韧性低，用于制造量具、锉刀、钻头、刮刀等。高级优质碳素工具钢由于含杂质和非金属夹杂物少，适于制造重要的、要求较高的工具。

四、铸造碳钢

铸造碳钢的牌号表示方法是用“铸”和“钢”两字汉语拼音的首字母“ZG”后加两组数字表示，第一组数字表示屈服点的最低值，第二组数字表示抗拉强度的最低值。例如，ZG200-400，表示 $\sigma_s \geqslant 200$ MPa，$\sigma_b \geqslant 400$ MPa 的铸钢。

特性：铸钢碳的质量分数一般为 0.15%~0.60%。铸钢的铸造性能比铸铁差，但力学性能比铸钢好。

应用：铸钢主要用于制造形状复杂，力学性能要求高，而在工艺上又很难用锻压等方法制造的比较重要的机械零件，如汽车的变速箱壳、机车车辆的车钩和联轴器等。工程用铸造碳钢的牌号、化学成分、力学性能及应用举例如表 8-4 所示。

表 8-4　工程用铸造碳钢的牌号、化学成分、力学性能及应用举例

牌号	化学成分/%				室温力学性能（不小于）					用途举例
	C	Si	Mn	P、S	σ_s/MPa	σ_b/MPa	δ/%	ψ/%	AKV/J	
	不大于				不小于					
ZG200-400	0.20	0.50	0.40	0.04	200	400	25	40	30	良好的塑性、韧性和焊接性，用于受力不大的机械零件，如机座、变速箱壳等
ZG230-450	0.30	0.50	0.40	0.04	230	450	22	32	25	一定的强度和好的塑性、韧性、焊接性，用于受力不大、韧性好的机械零件，如外壳、轴承盖等
ZG270-500	0.40	0.50	0.40	0.04	270	500	18	25	22	较高的强度和较好的塑性，铸造性良好，焊接性好，切削性好，用于轧钢机机架等
ZG310-570	0.50	0.60	0.40	0.04	310	570	15	21	15	强度和切削性良好，塑性、韧性较低，用于载荷较高的大齿轮、缸体等
ZG340-640	0.60	0.60	0.40	0.04	340	640	10	18	10	有高的强度和耐磨性，切削性好，焊接性较差，流动性好，裂纹敏感性较大，用于齿轮、棘轮等

第九章　铸铁

第一节　铸铁及其石墨化过程

铸铁通常是指含碳量为2%~4%的Fe-C-Si三元合金，并且还含有较多的硅、锰、硫、磷等元素。铸铁有良好的减振、减摩作用，良好的铸造性能及切削加工性能，且价格低。在一般机械中，铸铁件占机器总质量的40%~70%，在机床和重型机械中甚至高达80%~90%。近年来，铸铁组织进一步改善，热处理对基体的强化作用也更明显，铸铁日益成为一种物美价廉、应用更加广泛的结构材料。

在铁碳合金中，碳可能以两种形式存在，即化合状态的渗碳体（Fe_3C）和游离状态的石墨（常用G来表示）。渗碳体在高温下进行长时间加热便会分解为铁和石墨（$Fe_3C \rightarrow Fe+G$）。可见，渗碳体并不是一种稳定的相，而是一种亚稳定的相；石墨才是一种稳定的相。在铁碳合金的结晶过程中，从液体或奥氏体中析出的是渗碳体而不是石墨，这主要是因为渗碳体的碳的质量分数（6.69%）较之石墨的碳的质量分数（≈100%）更接近合金成分的碳的质量分数（2.5%~4.0%），析出渗碳体时所需的原子扩散量较小，渗碳体的晶核形成较易。但在极其缓慢冷却（即提供足够的扩散时间）的条件下，或在合金中含有可促进石墨形成的元素（如Si等）时，在铁碳合金的结晶过程中，便会直接由液体或奥氏体中析出稳定的石墨相。因此，对铁碳合金的结晶过程来说，实际上存在两种相图，如图 9-1 所示，图中实线部分为亚稳定的 Fe -Fe_3C 相图，虚线部分是稳定的 Fe-G 相图。视具体合金的结晶条件不同，铁碳合金可以全部或部分地按照其中的一种或另一种相图进行结晶。

影响铸铁组织和性能的关键是碳在铸铁中存在的形态大小及分布。铸铁的发展，主要是围绕如何改变石墨的数量、大小、形状和分布这一核心问题进行的。铸铁的石墨化就是铸铁中碳原子析出和形成石墨的过程。一般认为，石墨既可以由液体铁水中析出，也可以由奥氏体中析出，还可以由渗碳体分解得到。

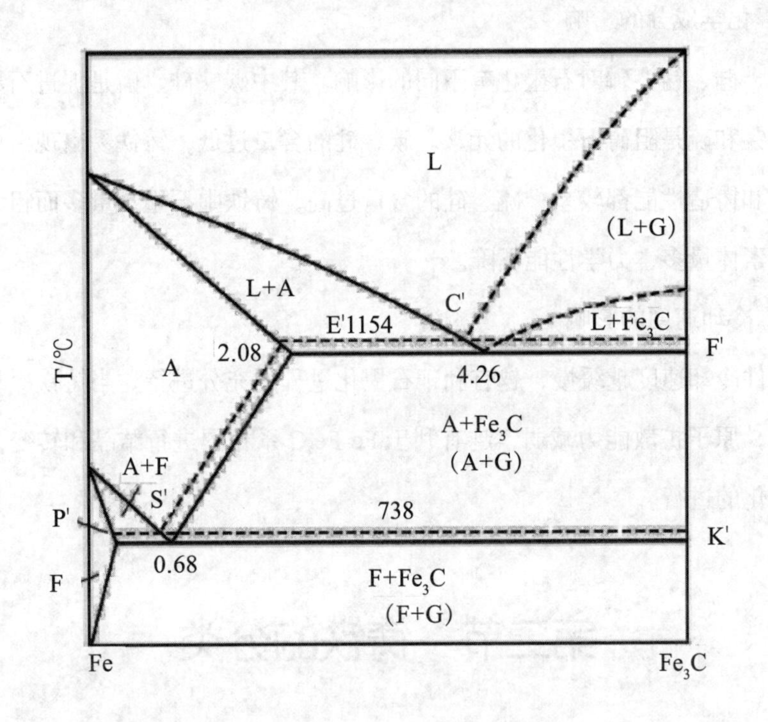

图 9-1　铁碳合金的两种相图

一、铸铁冷却和加热时的石墨化过程

按 Fe-C 系相图进行结晶，铸铁冷却时的石墨化过程包括：从液体中析出一次石墨；由共晶反应而生成共晶石墨；由奥氏体中析出二次石墨；由共析反应而生成共析石墨。铸铁加热时的石墨化过程为：亚稳定的渗碳体，当在比较高的温度下长时间加热时，会发生分解，产生石墨化，即

$$Fe_3C \rightarrow Fe+G$$

加热温度越高，分解速度相对就越快。

无论是冷却还是加热时的石墨化过程，凡是发生在 P′ S′ K′ 线以上，统称为第一阶段石墨化；凡是发生在 P′ S′ K′ 线以下，统称为第二阶段石墨化。

二、影响铸铁石墨化的因素

1. 化学成分的影响

碳、硅、锰、磷对石墨化有不同的影响。其中碳、硅、磷是促进石墨化的元素，锰和硫是阻碍石墨化的元素。碳、硅的含量过低，铸铁易出现白口，力学性能和铸造性能都较差；硫、硅的含量过高，铸铁中石墨数量多而粗大，基体内铁素体量多，力学性能下降。

2. 冷却速度的影响

铸件冷却速度越缓慢，越有利于石墨化过程的充分进行。当铸铁冷却速度较快时，原子扩散能力减弱，越有利于 $Fe-Fe_3C$ 系相图进行结晶和转变，不利于石墨化的进行。

第二节　铸铁的分类

铸铁的分类归结起来主要包括下列几种方法。

一、按碳存在的形式分类

1. 灰铸铁

碳以石墨的形式存在，断口呈黑灰色，是应用最为广泛的铸铁。

2. 白口铸铁

碳完全以渗碳体的形式存在，断口呈亮白色。这种铸铁组织中的渗碳体以共晶莱氏体的形式存在，使其很难切削加工，因此主要作为炼钢原料使用。但是，由于它的硬度和耐磨性高，也可以铸成表面为白口组织的铸件，如轧辊、球磨机的磨球、犁铧等要求耐磨性好的零件。

3. 麻口铸铁

碳以石墨和渗碳体的混合形态存在，断口呈灰白色。这种铸铁有较大的脆性，工业上很少使用。

二、按石墨的形态分类

铸铁中石墨的形状大致可分为片状、蠕虫状、絮状及球状四大类。因此，可将铸铁分为以下几种：

（1）普通灰铸铁。石墨呈片状 [图 9-2（a）]。

（2）蠕墨铸铁。石墨呈蠕虫状 [图 9-2（b）]。

（3）可锻铸铁。石墨呈棉絮状 [图 9-2（c）]。

（4）球墨铸铁。石墨呈球状 [图 9-2（d）]。

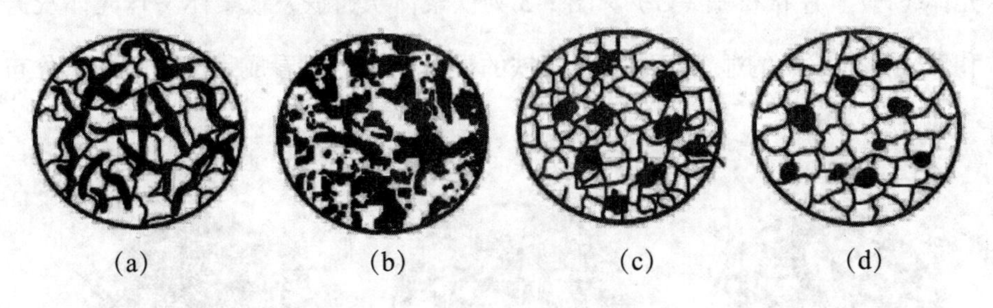

图 9-2　铸铁中石墨的形状

（a）普通灰铸铁；（b）蠕墨铸铁；（c）可锻铸铁；（d）球墨铸铁

三、按化学成分分类

1. 普通铸铁

普通铸铁即常规元素铸铁，如普通铸铁、蠕墨铸铁、可锻铸铁、球墨铸铁。

2. 合金铸铁

又称为特殊性能铸铁，是向普通铸铁和球墨铸铁中加入一定量的合金元素，如铬、镍、铜、钒、铅等，使其具有一些特定性能的铸铁，如耐磨铸铁、耐热铸铁、耐蚀铸铁等。

第三节　普通灰铸铁

一、灰铸铁的化学成分、显微组织和性能

1. 化学成分

灰铸铁的化学成分大致是：ω_C=2.5%~4.0%，ω_{Si}=1.0%~2.5%，ω_{Mn}=0.5%~1.4%，$\omega_S \leqslant 0.15\%$，$\omega_P \leqslant 0.30\%$。

2. 显微组织

由于化学成分和冷却条件的综合影响，灰铸铁的显微组织有 3 种类型，即铁素体（F）+ 片状石墨（G）；铁素体（F）+ 珠光体（P）+ 片状石墨（G）；珠光体（P）+ 片状石墨（G）。图 9-3 为铁素体灰铸铁、铁素体 + 珠光体灰铸铁和珠光体灰铸铁的显微组织。灰铸铁的显微组织可以看成是钢的基体上分布着一些片状石墨。

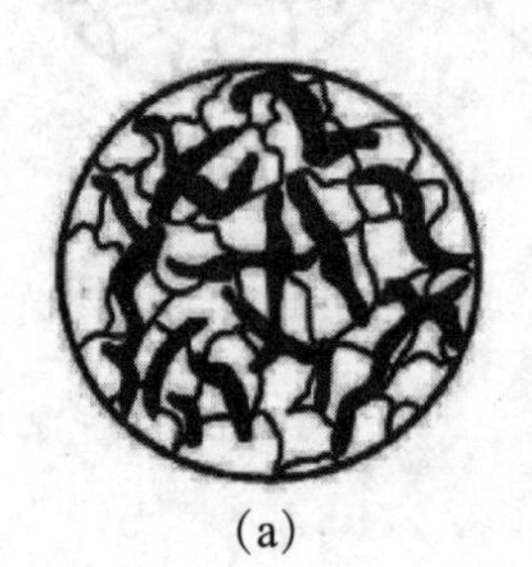
(a)

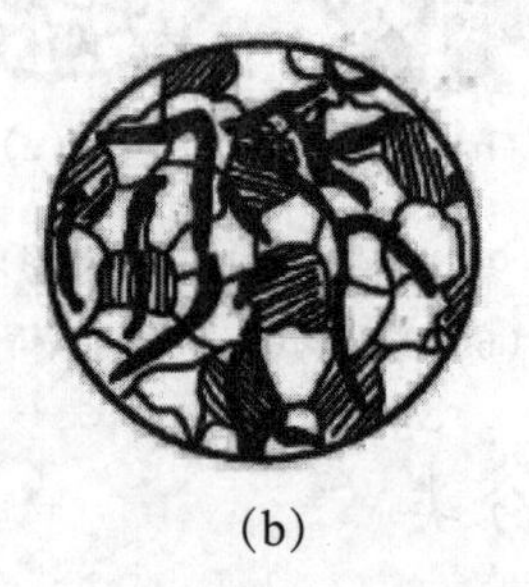
(b)

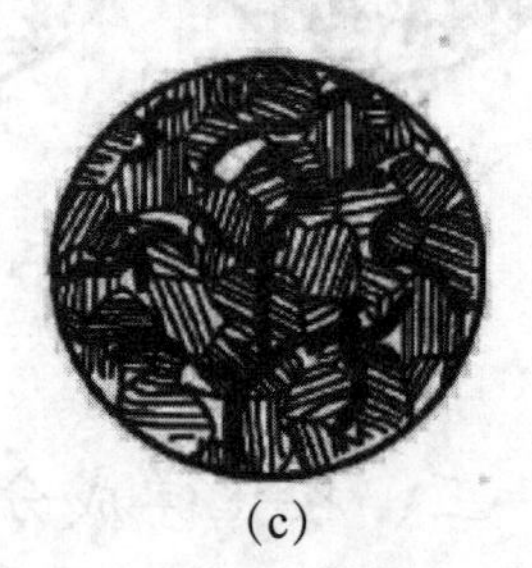
(c)

图 9-3　灰铸铁的显微组织

（a）铁素体灰铸铁；（b）铁素体 + 珠光体灰铸铁；（c）珠光体灰铸铁

3. 性能

灰铸铁的性能主要取决于其钢基体的性能和石墨的数量、形状、大小及分布状况。钢基体组织主要影响灰铸铁的强度、硬度、耐磨性及塑性。由于石墨本身的强度、硬度和塑性都很低，灰铸铁中存在的石墨，就相当于在钢的基体上布满了大量的孔洞和裂缝，割裂了基体组织的连续性，从而减小了基体金属的有效承载面积；而且在石墨的尖角处易产生应力集中，造成铸件局部损坏，并迅速扩展形成脆性断裂。因此，灰铸铁的抗拉强度和塑性比同样基体的钢低得多。片状石墨越多，越粗大，分布越不均匀，则灰铸铁的强度和塑性就越低。

石墨除有割裂基体的不良作用外，也有有利的方面，归纳起来大致有以下几个方面：

（1）优良的铸造性能。由于灰铸铁碳的质量分数高、熔点较低、流动性好，因此，凡是不能用锻造方法制造的零件，都可采用铸铁材料进行铸造成型。此外，石墨的比容较大，当铸件在凝固过程中析出石墨时，部分地补偿了铸件在凝固时基体的收缩，故铸铁的收缩量比钢小。

（2）良好的吸震性。由于石墨阻止晶粒间震动能的传递，并且将震动能转化为热能，所以铸铁中的石墨可以对震动起到缓冲作用。这种性能对于提高机床的精度，减少噪声，延长受震零件的寿命很有好处。灰铸铁的这种吸震能力约为钢的数倍，广泛用作机床床身、主轴箱及各类机器底座等工件。

（3）较低的缺口敏感性。灰铸铁中由于石墨的存在，就相当于其内部存在许多小缺口，故灰铸铁对其表面的小缺陷或小缺口等，几乎不具有敏感性。

（4）良好的可加工性。灰铸铁在进行切削加工时，由于石墨起着减摩和断屑作用，故可加工性能好，刀具磨损小。

（5）良好的减摩性。由于石墨本身的润滑作用，以及它从铸铁表面脱落后留下的孔洞具有储存润滑油的能力，故灰铸铁具有良好的减摩性。

值得注意的是，灰铸铁在承受压应力时，由于石墨不会缩小有效承载面积和不产生缺口应力集中现象，故灰铸铁的抗压强度与钢相近。灰铸铁的钢基体组织对灰铸铁力学性能的影响是：当石墨存在的状态一定时，铁素体灰铸铁具有较高的塑性，但强度、硬度和耐磨性较低；珠光体灰铸铁的强度和耐磨性较高，但塑性较低；铁素体 + 珠光体灰铸铁的力学性能则介于上述两类灰铸铁之间。

二、灰铸铁的孕育处理（变质处理）

为了提高灰铸铁的力学性能，必须细化和减少石墨片，在生产中常用的方法就是孕育处理，即在铁液浇注之前，往铁液中加入少量的孕育剂（如硅铁或硅钙合金），使铁液内同时生成大量均匀分布的石墨晶核，改变铁液的结晶条件，使灰铸铁获得细晶粒的珠光体基体和细片状石墨组织。经过孕育处理的灰铸铁称为孕育铸铁，也称为变质铸铁。经过孕育处理的灰铸铁，强度有很大的提高，并且塑性和韧性也有所提高。因此，常用来制造力学性能要求较高、截面尺寸变化较大的大型铸件。

三、灰铸铁的牌号及用途

灰铸铁的牌号用“HT”及数字组成。其中“HT”是“灰铁”两字汉语拼音的首字母，其后的数字表示最低抗拉强度，如 HT100，表示灰铸铁最低抗拉强度是 100 N/mm^2。

常用灰铸铁的牌号、力学性能及用途如表 9-1 所示。

表 9-1　灰铸铁的牌号、力学性能及用途

类别	牌号	力学性能		用途举例
		σ_b/MPa	硬度 /HBW	
铁素体灰铸铁	HT100	≥ 100	143~229	低载荷和不重要零件，如盖、外罩、手轮、支架

续　表

类别	牌号	力学性能		用途举例
		σ_b/MPa	硬度 /HBW	
铁素体＋珠光体灰铸铁	HT150	≥ 150	163~229	承受中等应力的零件，如底座、床身、工作台、阀体管路附件及一般工作条件要求的零件
珠光体灰铸铁	HT200	≥ 200	170~241	承受较大应力和重要的零件，如气缸体、齿轮、机座床身、活塞、齿轮箱、油缸等
	HT250	≥ 250	170~241	
孕育铸铁	HT300	≥ 300	187~225	床身导轨、车床、冲床等受力较大的床身、机座、主轴箱、卡盘、齿轮等，高压油缸、泵体、阀体、衬套、凸轮、大型发动机的曲轴、气缸体等
	HT350	≥ 350	197~269	

四、灰铸铁的热处理

热处理只能改变灰铸铁的基体组织，而不能改变石墨的形状、大小和分布情况。因此，灰铸铁的热处理一般用于消除铸件的内应力和白口组织、稳定铸件尺寸和提高铸件工作表面的硬度及耐磨性。由于石墨的导热性差，因此，在热处理过程中，灰铸铁的加热速度要比非合金钢稍慢些。

1. 去内应力退火（时效处理）

铸铁件在冷却过程中，因各部位的冷却速度不同造成其收缩不一致，从而产生一定的内应力。这种内应力可以通过铸件的变形而减少，但这一过程比较缓慢，因此，铸件在形成后一般都需要进行去内应力退火（时效处理），特别是一些大型、复杂或加工精度较高的铸件（如床身、机架等）必须进行时效处理。

铸件去内应力退火是将铸件缓慢加热到 500~650 ℃，保温一定时间（2~6 h），利用塑性变形降低应力，然后随炉缓冷至 200 ℃以下出炉空冷，也称为人工时效。经过去内应力退火后，可消除铸件内部 90% 以上的内应力。

大型铸件可采用自然时效，即将铸件在露天下放置半年以上，使铸造应力缓慢松弛，从而使铸件尺寸稳定。

去内应力退火温度越高，铸件内应力消除得越显著，同时铸件尺寸稳定性越好。但随着铸件去内应力退火温度的升高，铸件去内应力退火后的力学性能会变差，因此，要合理选择去内应力退火温度。一般选择去内应力退火温度 T（单位：℃）的计算公式为

$$T= 480+0.4\rho_b$$

保温时间一般按每小时热透铸件厚 25 mm 计算，加热速度一般控制在 80 ℃/h 以下，复杂零件控制在 20 ℃/h 以下。冷却速度一般控制在 30 ℃/h 以下，炉冷至 200 ℃后出炉空冷。

铸件表面被切削加工后，破坏了原有应力场，会导致铸件内应力的重新分布。因此，去内应力退火一般安排在铸件粗加工后进行。对于质量要求很高的精密零件，可在铸件成型和粗加工后分别进行去内应力退火。

2. 软化退火

铸铁件在其表面或某些薄壁处易出现白口组织，故需利用软化退火来消除白口组织，以改善其切削加工性能。

软化退火是将铸件缓慢加热到 850~950 ℃，保持一定时间（一般为 1~3 h），使渗碳体分解（$Fe_3C \rightarrow A+G$），然后随炉冷却至 400 ℃ ~500 ℃出炉空冷，得到以铁素体或铁素体 – 珠光体为基体的灰铸铁。

3. 正火

铸铁件正火是将铸件加热到 850~920 ℃，经 1~3 h 保温后，出炉空冷，得到以珠光体为基体的灰铸铁。

4. 表面淬火

表面淬火的目的是提高铸铁件（如缸体、机床导轨等）表面硬度和耐磨性。常用的表面淬火方法有火焰加热表面淬火、高频与中频感应表面淬火和电接触

加热表面淬火等，如机床导轨采用电接触加热表面淬火后，其表面的耐磨性会显著提高，而且导轨变形小。

铸件进行表面淬火前，一般需进行正火处理，以保证其获得 65% 以上的珠光体组织。铸件淬火后，表面能获得马氏体 + 石墨组织，表面硬度可达 55 HRC。

第四节　球墨铸铁

球墨铸铁是指铁液经过球化剂处理而不是经过热处理，使石墨全部或大部分呈球状的铸铁。当铁液中加入一定量的镁并以硅铁孕育时可得到球状石墨。在我国，球墨铸铁广泛应用于农业机械、汽车、机床、冶金及化工等方面。

一、球墨铸铁的化学成分

球墨铸铁是在铁液中加入球化剂（稀土镁合金）使铸铁中的石墨呈球状，然后在出铁液时加入孕育剂促进石墨化而获得。

由于球化剂有阻碍石墨化的作用，因此，要求球墨铸铁比普通灰铸铁的含碳、硅量高，硫、磷杂质含量严格控制。一般 ω_C=3.6%~4.0%，ω_{Si}=2.0%~3.2%，这样既能保证碳的石墨化进程，同时又可避免由于碳当量过高而造成石墨飘浮于铸件表面，使铸件力学性能下降；锰有去硫脱氧作用，并可稳定和细化珠光体；有害杂质控制在 ω_S<0.05%，ω_P<0.06%。

二、球墨铸铁的组织和性能

球墨铸铁在铸态下，其基体往往是由不同数量的铁素体、珠光体或铁素体 + 珠光体组成的混合组织。其显微组织如图 9-4 所示。

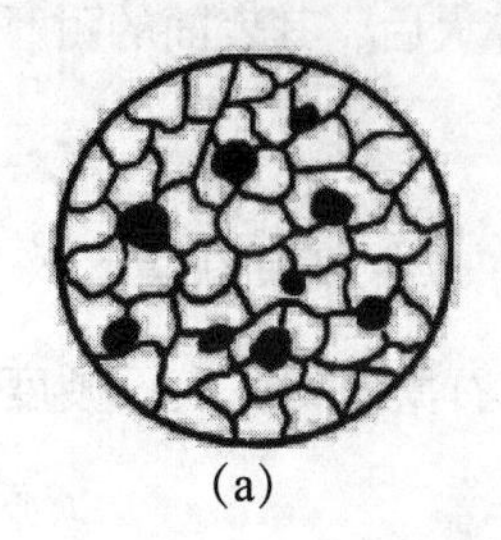

(a)

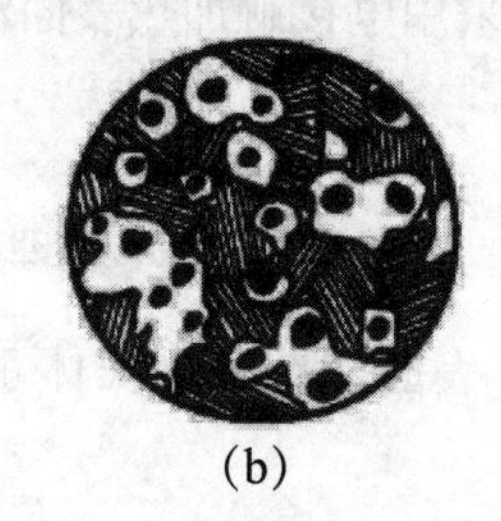

(b)

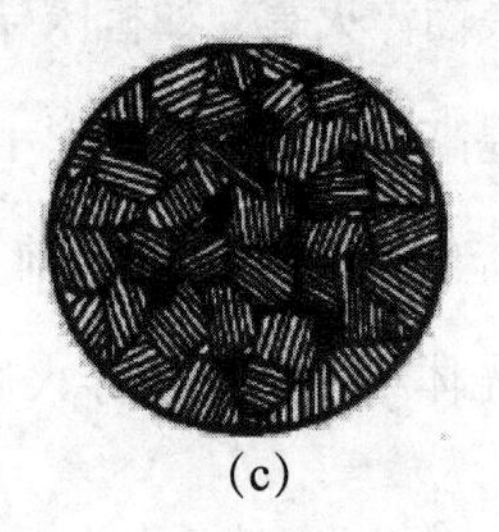

(c)

图 9-4 球墨铸铁的显微组织

（a）铁素体球墨铸铁；（b）铁素体 + 球光体球墨铸铁；（c）珠光体球墨铸铁

铸态中的石墨呈球状，不仅应力集中较小，而且在相同的石墨体积下球状石墨的表面积最小，因而对基体的割裂作用也较小，能充分发挥基体组织的作用。球墨铸铁的金属基体强度的利用率可以高达 90%，而普通灰铸铁仅为 30%~50%。因此，球墨铸铁的强度、塑性、韧性均高于其他铸铁，可以与相应组织的铸钢相媲美，疲劳强度可接近一般中碳钢。特别应该指出的是，球墨铸铁的屈强比几乎是一般结构钢的两倍（球墨铸铁为 0.7~0.8），普通钢为 0.35~0.50。因此，对于承受静载荷的零件，用球墨铸铁代替铸钢可以减轻机器重量。

近年来，由于断裂力学的发展，研究人员发现含有 10%~15%（质量分数）铁素体的球墨铸铁的 KIc 值并不像它的 α_k 值那样低。如强度相近的球墨铸铁与 45 钢比较，前者的冲击韧度不到后者的 1/6，但前者的断裂韧度却可达到后者的 1/3 以上，而 KIc 值比 α_k 值更能准确地反映材料的韧性指标。因此，许多重要的零件可以安全地使用球墨铸铁，如大型柴油机、内燃机曲轴等。球墨铸铁的减振作用比钢好，但不如普通灰铸铁，球化率越高，其减振性越不好。球墨铸铁的缺点是铸造性能低于普通灰铸铁，凝固时收缩较大。另外，对铁液的成分要求较严。

三、球墨铸铁的牌号和用途

球墨铸铁的牌号、性能及用途如表 9-2 所示，其中，牌号中“QT”是“球铁”两字汉语拼音的首字母，后面两组数字分别表示最低抗拉强度和最小伸长率。由于球墨铸铁可以通过热处理获得不同的基体组织，所以其性能可以在较大范围内变化，因而扩大了球墨铸铁的应用范围，使球墨铸铁在一定程度上代替了不少碳钢、合金钢等，用来制造一些受力复杂，强度、韧性和耐磨性要求较高的零件，如曲轴、连杆、机床主轴等。

表 9-2 球墨铸铁的牌号、性能及用途

牌号	σ_b/MPa	$\sigma_{0.2}$/MPa	δ/%	基体组织	用途
	不大于				
QT400-18	400	250	18	铁素体	汽车、拖拉机的牵引框、轮毂、离合器及减速壳体；农机具中的犁铧、犁柱；大气压阀门阀体、支架、高低压气缸输气管、铁路垫板等
QT400-15	450	250	15	铁素体	
QT450-10	450	310	10	铁素体	
QT500-7	500	320	7	铁素体 + 珠光体	液压泵齿轮、阀门体、轴瓦、机器底座、支架、传动轴、链轮、飞轮、电动机机架等
QT600-3	600	370	3	铁素体 + 珠光体	连杆、曲轴、凸轮轴、气缸体、进气门座、脱粒机齿条、轻载荷齿轮、部分机床主轴、球磨机齿轮轴、矿车轮、小型水轮机主轴、缸套等
QT700-2	700	420	2	珠光体	
QT800-2	800	480	2	珠光体或回火组织	
QT900-2	900	600	2	珠光体或回火组织	汽车螺旋锥齿轮、减速器齿轮、凸轮轴、传动轴、转向节、犁铧、耙片等

四、球墨铸铁的热处理

1. 球墨铸铁的热处理特点

由于球墨铸铁中含硅量较高，因此共析转变发生在一个较宽的温度范围，并且共析转变温度升高。球墨铸铁的C曲线显著右移，使临界冷却速度明显降低，淬透性增大，很容易实现油淬和等温淬火。

2. 常用的热处理方法

根据热处理目的的不同，球墨铸铁常用的热处理方法可分为以下几种：

（1）高温退火和低温退火。退火的目的是获得铁素体基体球墨铸铁。浇铸后铸件组织中常会出现不同数量的珠光体和渗碳体，使切削加工变得较难进行。为了改善其加工性，同时消除铸造应力，因而需进行退火处理。

当铸态组织为F+P+G（石墨）时，则进行高温退火，即将铸件加热至共析温度以上（900~950 ℃），保温2~5 h，然后随炉冷至600 ℃出炉空冷。

当铸态组织为F+P+G（石墨）时，则进行低温退火，即将铸件加热至共析温度附近（700~760 ℃），保温3~6 h，然后随炉冷至600 ℃出炉空冷。

（2）正火。正火可分为高温正火和低温正火两种。高温正火是将铸件加热至共析温度以上，一般为880~920 ℃，保温1~3 h，然后空冷，使其在共析温度范围内快速冷却，以获得珠光体球墨铸铁。对厚壁铸件，应采用风冷，甚至喷雾冷却，以保证获得珠光体基体。若铸态组织中有自由渗碳存在，正火温度应提高至950~980 ℃，使自由渗碳体在高温下全部溶入奥氏体。

低温正火是将铸件加热至840~860 ℃，保温1~4 h，出炉空冷。低温正火获得珠光体+铁素体基体的球墨铸铁。

球墨铸铁的导热性较差，正火后铸件内应力较大，因此正火后应进行一次消除应力退火，即加热到550~600 ℃，保温3~4 h出炉空冷。

（3）等温淬火。等温淬火适用于形状复杂、易变形，同时要求综合力学性能高的球墨铸铁件。方法是将铸件加热至 860~920 ℃，适当保温后迅速放入 250~350 ℃的盐浴炉中进行 0.5~1.0 h 的等温处理，然后取出空冷。等温淬火后得到下贝氏体 + 少量残留奥氏体 + 球状石墨。由于等温淬火内应力不大，可不进行回火。等温淬火后其抗拉强度可达 1 100 MPa，硬度为 38~50 HRC，冲击韧度 α_k 为 30~100 J/m²。可见，等温淬火是提高球墨铸铁综合力学性能的有效途径，但仅适用结构尺寸不大的零件，如尺寸不大的齿轮、滚动轴承套圈、凸轮轴等。

（4）调质处理。对于受力复杂、截面尺寸较大的铸件，一般采用调质处理来满足高综合力学性能的要求。调质处理时，将铸件加热至 860~920 ℃，保温后油冷，而后在 550~620 ℃高温回火 2~6 h，获得回火索氏体和球状石墨组织，硬度为 250~300 HBW，具有良好的综合力学性能，常用来处理柴油机曲轴、连杆等零件。球墨铸铁除了能采用上述热处理工艺外，还可以采用表面强化处理，如渗氮、离子渗氮、渗硼等。

第五节　可锻铸铁及蠕墨铸铁

一、可锻铸铁

可锻铸铁是白口铸铁通过石墨化退火处理得到的一种高强韧铸铁。有较高的强度、塑性和冲击韧度，可以部分代替碳钢。可锻铸铁分为铁素体基体（黑心）可锻铸铁和珠光体基体可锻铸铁。

1. 可锻铸铁的生产特点

可锻铸铁的生产分两个步骤。第一步，先铸造出白口铸铁，随后退火使 Fe_3C 分解得到团絮状石墨。为保证在通常的冷却条件下铸件能得到合格的白口组织，其成分通常是 ω_C=2.2%~2.8%，ω_{Si}=1.2%~2.0%，ω_{Mn}=0.4%~1.2%，

ω_S<0.1%，ω_P<0. 2%；第二步，进行长时间的石墨化退火处理，900~980 ℃长时间保温，其工艺如图 9-5 所示。

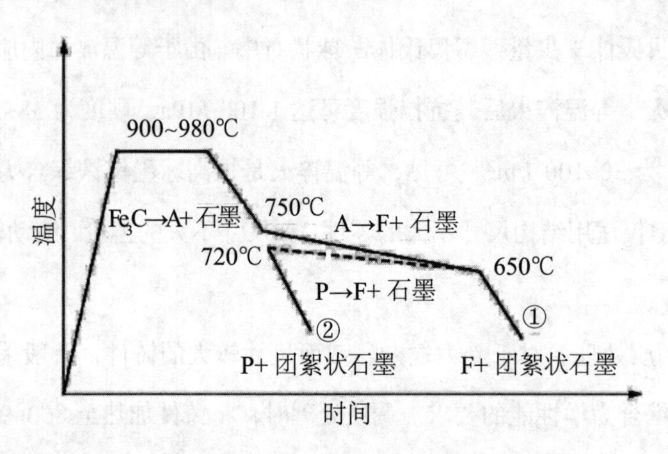

图 9-5　可锻铸铁的石墨化退火

2. 可锻铸铁的牌号

可锻铸铁分为铁素体基体可锻铸铁和珠光体可锻铸铁，铁素体基体可锻铸铁因其断口为黑绒状又称为黑心可锻铸铁，以 KTH 表示，其基体为铁素体；珠光体可锻铸铁以 KTZ 表示，基体为珠光体。其中，“KT”为“可铁”两字汉语拼音首字母，“H”和“Z”分别为“黑”和“珠”两字汉语拼音首字母，代号后的第一组数字表示最低抗拉强度值，第二组数字表示最低断后伸长率。常用可锻铸铁牌号如表 9-3 所示。

表 9-3　常用可锻铸铁的牌号和性能

牌号		试样直径 d/mm	抗拉强度 σ_b/MPa	屈服强度 $\sigma_{0.2}$/MPa	伸长率 δ/%	硬度（HBS）
A	B		不小于			
KTH300−06		12 或 15	300		6	≤ 150
	KTH330−8		330		8	
KTH350−10			350	200	10	
	KTH370−12		370		12	
KTH450−06			450	270	6	150~200
KTH550−04			550	340	4	180~230
KTH650−02			650	430	2	210~260
KTH700−02			700	530	2	240~290

3. 可锻铸铁的组织、性能及应用

（1）显微组织。由金属基体和团絮状石墨组成，如图 9-6 所示。

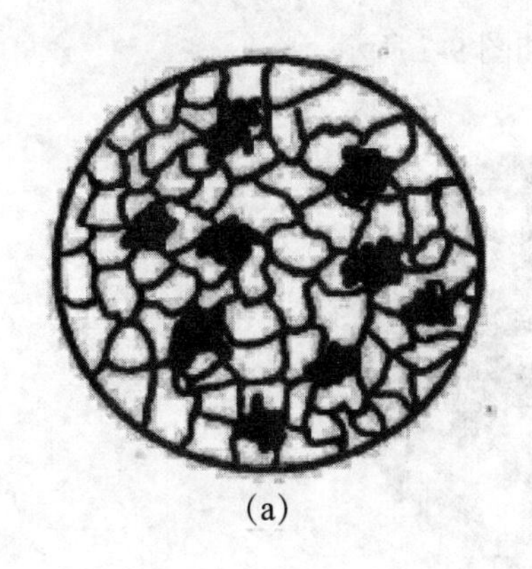
(a)

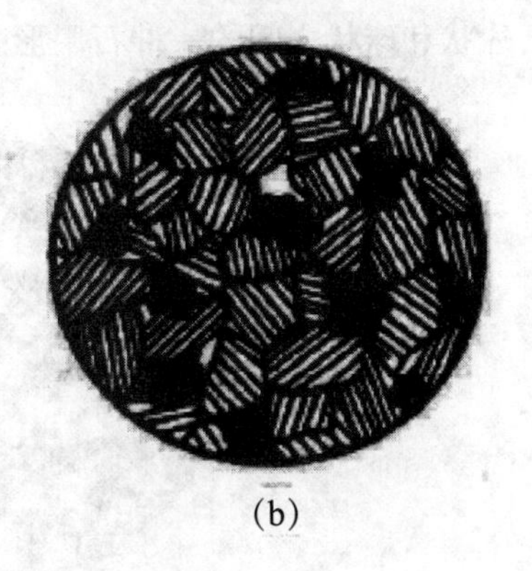
(b)

图 9-6　可锻铸铁的显微组织
（a）铁素体可锻铸铁；（b）珠光体可锻铸铁

（2）性能。可锻铸铁具有较高的冲击韧度和强度，适用于制造形状复杂、承受冲击载荷的薄壁小件，铸件壁厚一般不超过 25 mm。

（3）用途。可锻铸铁可用于低动载荷及静载荷、要求气密性好的零件，如管道配件、中低压阀门、弯头、三通等；农机犁刀、车轮壳和机床用扳手等；较高的冲击、振动载荷下工作的零件，如汽车、拖拉机上的前后轮壳、制动器、减速器壳、船用电动机壳和机车附件等；承受较高载荷、耐磨和要求有一定韧度的零件，如曲轴、凸轮轴、连杆、齿轮、摇臂、活塞环、犁刀、耙片、闸、万向接头、棘轮扳手、传动链条和矿车轮等。

二、蠕墨铸铁

1. 蠕墨铸铁的生产

蠕墨铸铁是在一定成分的铁液中加入适量的蠕化剂进行蠕化处理而成的。所谓蠕化处理是将蠕化剂放入经过预热的堤坝或铁液包内的一侧，从另一侧冲入铁液，利用高温铁液将蠕化剂熔化的过程。蠕化剂为镁钛合金、稀土镁钛合金或稀土镁钙合金等。

2. 蠕墨铸铁的性能及应用

蠕墨铸铁中的石墨片比灰铸铁中的石墨片的长厚比要小，端部较钝、较圆，是介于片状和球状之间的一种石墨形态，如图 9-7 所示。

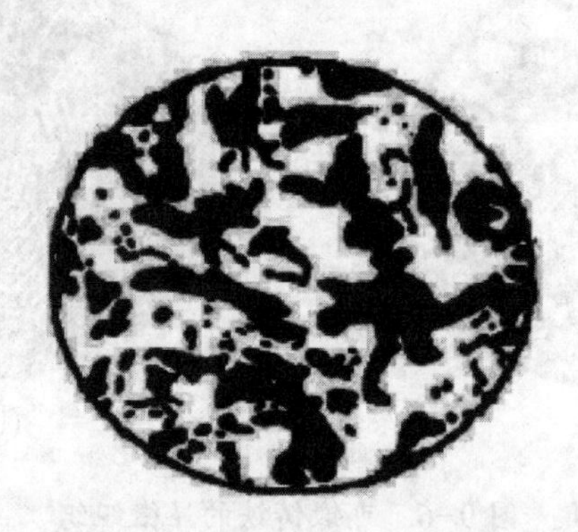

图 9-7　蠕墨铸铁的显微组织

（1）性能。蠕墨铸铁的力学性能较高，强度接近于球墨铸铁，具有一定的韧度、较高的耐磨性，同时又兼有良好的铸造性能和导热性。

（2）应用。蠕墨铸铁可用于生产汽缸盖、汽缸套、钢锭模、轧辊模、玻璃瓶模和液压阀等铸件。

3. 蠕墨铸铁的牌号

根据 JB/T 4403—1999，蠕墨铸铁的牌号以 RuT 表示，“RuT”是“蠕铁”两字汉语拼音的缩写，所跟的数字表示最低抗拉强度（表 9-4）。

表 9-4　蠕墨铸铁的牌号

牌号	抗拉强度 σ_b/MPa	屈服强度 $\sigma_{0.2}$/MPa	伸长率 δ/%	硬度（HBS）	蠕化率	基本组织
	不小于				不小于	
RuT420	420	335	0.75	200~280		珠光体
RuT380	380	300	0.75	193~274		珠光体
RuT340	340	270	1.00	170~240	50	珠光体 + 铁素体
RuT300	300	240	1.50	140~217		铁素体 + 珠光体
RuT260	260	195	3.00	121~197		铁素体

第六节 合金铸铁

随着铸铁应用越来越广泛，各行各业对铸铁提出了各种各样的特殊性能要求，如耐热、耐磨、耐蚀及其他特殊性能。这些铸铁大都属于合金铸铁，与相似条件下使用合金钢相比，其熔炼简便、成本低廉、有良好的使用性能；但其力学性能低于合金钢，且脆性较大。

一、耐热铸铁

耐热铸铁具有良好的耐热性，可以代替耐热钢制造加热炉底板、坩埚、废气道、热交换器及压铸模等。铸铁的耐热性主要指它在高温下抗氧化和抗热生长的能力。普通铸铁在加热到 450 ℃以上的高温下，除了会发生表面氧化外，还会出现“热生长”现象，即铸铁的体积产生不可逆的胀大，严重时可胀大 10% 左右。热生长现象主要是由于氧化性气体沿石墨的边界和裂纹渗入铸铁内部所造成的内部氧化，形成密度小而体积大的氧化物。此外，由于渗碳体在高温下发生分解，析出密度小而体积大的石墨。热生长的结果会使铸件失去精度和产生显微裂纹。

提高铸铁耐热性的措施是向铸铁中加入硅、铝、铬等合金元素，使铸铁在高温下形成一层致密的氧化膜，保护内层不继续受氧化。此外，这些元素还会提高铸铁的临界点，使其在工作温度范围不发生固态转变，减少因相变体积变化产生的显微裂纹。石墨最好呈球状，独立分布，互不相连，不致构成氧化性气体渗入铸铁的通道。耐热铸铁的牌号用“RT”表示，如 RTSi5、RTCr16 等。如牌号中有“Q”，则表示球墨铸铁。

二、耐磨铸铁

耐磨铸铁按其工作条件大致可分为两类：一类是在润滑条件下工作的，可用于制造机床导轨、气缸套、活塞环和轴承等；另一类是在无润滑条件下工作的，如犁铧、轧辊及球磨机零件等。

在干摩擦条件下工作的铸件应有均匀的高硬度组织，可用白口铸铁。但白口铸铁脆性较大，不能承受冲击载荷，因此生产中常用激冷的方法来获得冷硬铸铁，即用金属型制出铸件的耐磨表面，其他部位采用砂型制造。

在润滑条件下工作的铸件要求在软的基体组织上牢固地嵌有硬的组织组成物。软基体磨损后形成沟槽，可以保持油膜，珠光体基体的灰铸铁可满足这种要求。组成珠光体的铁素体为软基体，渗碳体为硬组成物。同时石墨本身也是良好的润滑剂，且由于石墨的组织松散，能起一定的储油作用。为了进一步改善珠光体灰铸铁的耐磨性，常将铸铁的含磷量提高到 ω_p=0.4%~0.6%，形成磷共晶体以断续网状形式分布，形成坚硬的骨架有利于提高铸铁的耐磨性。在此基础上还可以加入 Cr、Mo、W、Cu 等合金元素，以改善组织，使基体的强度进一步提高，从而使铸铁的耐磨性得到大大改善。

三、耐蚀铸铁

普通铸铁的耐蚀性较差，这是因为其组织中有石墨、渗碳体、铁素体等不同相，它们在电解质中的电极电位不同，易形成微电池，使作为阳极的铁素体不断溶解而被腐蚀。加入合金元素后，铸件表面形成致密的保护膜（如高硅耐蚀铸铁中形成的 SiO_2 保护膜），并提高铸铁基体的电极电位，从而增强铸铁的耐蚀能力。常用的主加元素有 Si、Cr、Al、Mo，Cu、Ni 等。

耐蚀铸铁广泛应用于化工行业，如制作管道、阀门、反应锅及容器等。耐蚀铸铁包括高硅、高硅铝、高铝、高铬等耐蚀铸铁，其中最常用的是普通高硅耐蚀铸铁。这种铸铁中碳的质量分数小于 0.8%，硅的质量分数为 14%~18%，组织为含硅合金铁素体 + 石墨 + 硅铁碳化物。它在含氧酸（如硝酸、硫酸等）中的耐蚀性不亚于 1Cr18Ni9 钢；但在碱性介质和盐酸、氢氟酸中，由于表面层的 SiO_2 保护膜受到破坏，使其耐蚀性下降。

在高硅耐蚀铸铁中加入质量分数为 6.5%~8.5% 的铜，可以改善它在碱性介质中的耐蚀性。常用的高硅耐蚀铸铁的牌号有 STSi11Cu2CrR、STSi5R 等。牌号中“ST”表示耐蚀铸铁，R 是稀土代号，数字表示合金元素的含量。

参 考 文 献

[1] 夏正兵，邱鹏 . 建筑工程材料与检测 [M]. 南京：东南大学出版社，2020.

[2] 吴蓁 . 建筑节能工程材料及检测 [M]. 上海：同济大学出版社，2020.

[3] 王转，蔚琪 . 土木工程材料检测 [M]. 武汉：武汉理工大学出版社，2020.

[4] 汤涛 . 公路工程材料应用与检测 [M]. 北京：北京工业大学出版社，2020.

[5] 黄显斌 . 土木工程材料试验及检测 [M]. 武汉：武汉理工大学出版社，2020.

[6] 王前华 . 工程材料与检测 [M]. 西安：西安电子科技大学出版社，2020.

[7] 周莉莉，胡朵 . 工程材料与检测 [M]. 郑州：黄河水利出版社，2020.

[8] 章岩 . 土木工程施工与建筑工程材料及检测研究 [M]. 长春：东北师范大学出版社，2020.

[9] 余明坤，许国伟，邱成江 . 建筑工程材料检测与施工技术研究 [M]. 北京：中国商业出版社，2019.

[10] 金孝权 . 建筑工程材料进场复验和现场检测抽样规则 [M]. 北京：中国建筑工业出版社，2018.

[11] 李德新，余明坤，郑靓 . 公路桥梁工程材料检测与施工 [M]. 北京：中国建材工业出版社，2018.

[12] 王转，李荣巧 . 土木工程材料检测 [M]. 北京：北京理工大学出版社，

2018.

[13] 崔国庆 . 建筑节能工程质量检测 材料·实体·幕墙 [M]. 北京：中国建筑工业出版社，2018.

[14] 张晖 . 工程材料及检测 [M]. 北京：中国铁道出版社，2018.

[15] 白燕，刘玉波 . 建筑工程材料检测 [M]. 北京：机械工业出版社，2013.

[16] 王陵茜 . 市政工程材料 [M].3 版 . 北京：中国建筑工业出版社，2020.

[17] 中国建设教育协会继续教育委员会 . 施工现场材料管理 [M]. 北京：中国建筑工业出版社，2016.

[18] 曹世晖 . 建筑工程材料与检测 [M]. 4 版 . 长沙：中南大学出版社，2017.

[19] 涂勇，宋军伟，冷超群 . 土木工程材料检测实训 [M]. 北京：中国建材工业出版社，2016.

[20] 冯春 . 道路工程材料与检测 [M]. 哈尔滨：哈尔滨工业大学出版社，2016.

[21] 徐皎 . 建筑工程材料检测 [M]. 北京：北京理工大学出版社，2016.

[22] 周明月，孙成田 . 建筑工程材料检测：建筑类专业 [M]. 北京：高等教育出版社，2015.

[23] 陆平 . 建筑工程材料性能检测 [M]. 南京：江苏凤凰教育出版社，2015.

[24] 李浩，杨晓杰 . 建筑工程材料检测 [M]. 北京：中国建材工业出版社，2015.